MISTURAS E SOLUÇÕES

Leandro Bertoldo

Misturas e Soluções
LEANDRO BERTOLDO

Dedicatória

**Dedico este livro aos meus queridos pais:
José Bertoldo Sobrinho,
Anita Leandro Bezerra.**

"Devemos estar sempre indagando, sempre pesquisando, sempre aprendendo, e resta todavia um infinito pra o além". (Ciência do Bom Viver, 431).

Ellen Gould White
Escritora, conferencista, conselheira,
e educadora norte-americana.
(1827-1915)

Sumário

Dados biográficos
Prefácio

Misturas e Soluções
LEANDRO BERTOLDO

Misturas e Soluções
LEANDRO BERTOLDO

Dados biográficos

Leandro Bertoldo é o primeiro filho do casal José Bertoldo Sobrinho e Anita Leandro Bezerra. Tem um irmão chamado Francisco Leandro Bertoldo. Os dois seguiram a carreira no judiciário paulista, incentivados pelo pai, que via algo de desejável na estabilidade do serviço público.

Leandro fez as faculdades de Física e de Direito na Universidade de Mogi das Cruzes – UMC. Seu interesse sempre crescente pela área das exatas vem desde os seus 17 anos, quando começou a escrever algumas teses sérias a respeito do assunto. Em 1995, publicou o seu primeiro livro de Física, que foi um grande sucesso entre os professores universitários. O seu comprometimento com o Direito é resultado de suas atividades junto ao Tribunal de Justiça do Estado de São Paulo.

Leandro casou-se duas vezes e teve uma linda filha do primeiro matrimônio chamada Beatriz Maciel Bertoldo. Sua segunda esposa Daisy Menezes Bertoldo tem sido sua grande companheira e amiga inseparável de todas as horas. Muitas de suas alegrias são proporcionadas pelos seus cachorros: Fofa, Pitucha, Calma e Mimo.

Durante sua carreira como cientista contabilizou centenas de artigos e dezenas de livros, todos defendendo teses originais em Física e Matemática, destacando-se: "Teoria Matemática e Mecânica do Dinamismo" (2002); "Teses da Física Clássica e Moderna" (2003); "Cálculo

Misturas e Soluções
LEANDRO BERTOLDO

Seguimental" (2005); "Artigos Matemáticos" (2006) e "Geometria Leandroniana" (2007), os quais estão sendo discutidos por vários grupos de pesquisas avançadas nas grandes universidades do país.

Prefácio

Esta obra é composta por uma série de artigos científicos produzidos entre os anos de 1978 a 1985. Naquela época o autor era bastante jovem e estava profundamente engajado no estudo das ciências exatas, especialmente no estudo da Física e da Matemática. Em suas excursões pelos diversos campos das ciências exatas, sempre lhe brotavam novas ideias e pensamentos, que poderiam inovar ou ser uma alternativa perfeitamente viável para o estudo da matéria que estava realizando. Assim, raciocinando por analogia com os mais diversos campos da Ciência, o autor chegava a novos resultados.

Este livro reúne dezenove artigos produzidos pelo autor, e que tem relação com a Físico-Química. Alguns artigos são bastantes longos outros extremamente curtos. Eles refletem o desenvolvimento da maturidade intelectual do autor durante o período de sua produção, que levou sete anos. Nesta obra, os artigos foram apresentados por assunto e não pela ordem cronológica de sua produção.

Todos os artigos deste livro apresentam algum conceito inovador ou original. Por exemplo, o primeiro artigo introduz o conceito de referencial para considerar a homogeneidade ou a heterogeneidade de uma mistura. O segundo artigo – o mais longo do livro – introduz novos conceitos, que foram deduzidos sistematicamente. O livro apresenta ideias inusitadas, como por exemplo, nos artigos "Tintologia" e "Cromática", que apresentam fórmulas matemáticas para definir as cores numa mistura.

Espero de coração, que o estudo desta singela obra possa interessar a todos os leitores, especialmente aos pesquisadores e cientistas interessados no progresso das ciências exatas.

leandrobertoldo@ig.com.br

1. Critério Hetero-Homogêneo

O conceito de mistura homogênea ou heterogênea em química é bastante relativo e variável. Por este motivo é absolutamente necessário introduzir o conceito de referencial.

Não tem nenhum sentido falar em homogeneidade ou heterogeneidade sem que se considere um sistema de referência.

Desse modo uma mistura pode ser heterogênea em relação a um referencial e, ao mesmo tempo, ser homogênea em relação a outro sistema de referência. Portanto os conceitos de mistura homogênea ou heterogênea são relativos.

Em nossas "afirmações comuns" sobre homogeneidade e heterogeneidade, consideramos como sistema de referência os próprios olhos. Uma mistura é homogênea em relação aos olhos quando apresenta uma única fase e, heterogênea quando apresenta mais de uma fase.

Entretanto, os glóbulos brancos e vermelhos do sangue são homogêneos em relação aos olhos, mas heterogêneo em relação ao microscópio.

Desse modo, a noção de homogeneidade e heterogeneidade é relativa ao sistema de observação. Evidentemente essa noção é imprecisa se não for considerada em relação "ao que" se considera a homogeneidade e a heterogeneidade da mistura.

Como foi apresentado, o sistema de observação em relação ao qual se considera a homogeneidade ou heterogeneidade é denominado por "sistema de referência" ou simplesmente "referencial".

Isto permite estabelecer as seguintes noções fundamentais sobre misturas homogêneas ou heterogêneas:

1. "Uma mistura é 'heterogênea' em relação a um determinado 'referencial', quando observada nesse referencial, ela apresenta mais de uma fase".

2. "Uma mistura é 'homogênea' em relação a um determinado 'referencial', quando observada nesse referencial, ela apresenta apenas uma única fase".

3. "Os conceitos de uma mistura (homogênea e heterogênea) se modificam quando é mudado o referencial".

Assim fica estabelecido o critério de heterogeneidade ou homogeneidade avaliado em função do referencial que se considera.

2. Soluções Gasosas

A concentração comum (**c**) é a relação matemática entre a massa do soluto (**m₁**) e o volume da solução (**V**). Simbolicamente o referido enunciado é expresso por:

$$c = m_1/V$$

Sabe-se que o volume de um gás é igual ao dobro de sua energia cinética, inversa pelo triplo da pressão a qual está submetido. O referido enunciado é expresso por:

$$V = 2E_c /3p$$

Substituindo convenientemente as duas últimas expressões, vem que:

$$c = 3m_1 . p/2E_c$$

Desse modo, posso afirmar que a concentração comum é igual ao triplo da massa do soluto em produto com a pressão e inversa pelo dobro da energia cinética.

2. Dedução em Concentração e Títulos

Sabe-se que o volume de um gás é igual à massa do mesmo, multiplicada pelo quadrado da velocidade das

moléculas, inversa pelo triplo da pressão a qual está submetido.
Simbolicamente, pode-se escrever que:

$$V = m \cdot v^2/3p$$

Porém, na solução tem-se a massa (m_1) do soluto e a massa (m_2) do solvente. Portanto por John Dalton (1766-1844), posso escrever que:

$$V = (m_1 + m_2) \cdot v^2/3p$$

Substituindo a referida expressão na equação da concentração comum, vem que:

$$c = m_1 \cdot 3p/(m_1 + m_2) \cdot v^2$$

O título (**b**) é definido como sendo a relação entre a massa (m_1) do soluto e a massa (**m**) da solução. A massa da solução é a soma das massas do soluto (m_1) e do solvente (m_2).
Simbolicamente, o referido enunciado é expresso por:

$$b = m_1/ (m_1 + m_2)$$

Substituindo convenientemente as duas últimas expressões, vem que:

$$c = 3p \cdot b/v^2$$

Dessa maneira posso concluir que a concentração comum é igual ao triplo da pressão em produto com o título, inversa pelo quadrado da velocidade molecular.

Sabe-se que o quadrado da velocidade molecular é igual ao triplo da constante universal dos gases (**R**) em produto com a temperatura (**T**), inversa pela molécula grama (**M**) do gás.

Simbolicamente, pode-se escrever que:

$$v^2 = 3RT/M$$

que:

Numa mistura de duas substâncias, posso escrever

$$M = M_1 + M_2$$

Substituindo as duas últimas expressões, vem que:

$$v^2 = 3RT/(M_1 + M_2)$$

Isto significa que numa mistura a velocidade molecular diminui. Então, substituindo convenientemente a referida expressão na última equação de concentração comum, posso escrever que:

$$c = p \cdot b \cdot (M_1 + M_2)/RT$$

3. Titucular

Defino a grandeza titucular (**S**) como sendo igual à relação entre a molécula-grama do soluto (M_1) e a molécula-grama da solução (**M**). Sendo que caracterizei a molécula-grama (**M**) da solução, pela soma das moléculas-gramas do soluto e do solvente.

Simbolicamente, o referido enunciado é expresso pela seguinte equação:

$$S = M_1/M = M_1/ (M_1 + M_2)$$

4. Terceira Deduções em Concentrações

No presente tratado, demonstrei que:

$$c = 3p \cdot m_1 /(m_1 + m_2) \cdot v^2$$

que:

Com relação à referida expressão, posso escrever

$$1/c = (m_1 \cdot v^2 + m_2 \cdot v^2)/3p \cdot m_1$$

Assim, vem:

$$1/c = (m_1 \cdot v^2/3p \cdot m_1) + (m_2 \cdot v^2/3p \cdot m_1)$$

Eliminando os termos em evidência, resulta que:

$$1/c = (v^2/3p) + (v^2/3p) \cdot m_2/m_1$$

Logicamente, posso escrever que:

$$1/c = v^2/3p \cdot [1 + (m_2/ m_1)]$$

Entretanto sabe-se que a molalidade (**W**) é igual à relação entre o número de moles do soluto (n_1) pela massa do solvente (m_2).

Simbolicamente, pode-se escrever que:

$$W = n_1/m_2$$

Portanto, posso escrever que:

$$m_2 = n_1/W$$

Substituindo convenientemente as expressões, em dedução, posso escrever que:

$$1/c = v^2/3p \cdot \{1 + [n_1/(m_1 \cdot W)]\}$$

Porém, sabe-se que:

$$n_1 = m_1/M_1$$

O que permite escrever:

$$n_1/m_1 = 1/M_1$$

Portanto, posso concluir a seguinte verdade:

$$1/c = v^2/3p \cdot \{1 + [1/(M_1 \cdot W)]\}$$

5. Quarta Deduções em Concentrações

O volume de uma mistura de dois gases é expresso por:

$$V = (m_1/M_1 + m_2/M_2) RT/p$$

Evidentemente, posso escrever que:

$$V = [(m_1 \cdot M_2 + m_2 \cdot M_1)/(M_1 \cdot M_2)] RT/p$$

Substituindo convenientemente a referida expressão na equação da concentração comum, posso escrever que:

$$c = (m_1 . M_1 . M_2 . p)/(m_1 . M_2 . RT + m_2 . M_1 . RT)$$

Assim, posso escrever que:

$$1/c = (m_1 . M_2 . RT + m_2 . M_1 . RT)/(m_1 . M_1 . M_2 . p)$$

Naturalmente, posso escrever que:

$$1/c = (m_1.M_2.RT/m_1.M_1.M_2.p) + (m_2.M_1.RT/m_1.M_1.M_2.p)$$

Eliminando os termos em evidencia, vem que:

$$1/c = RT/M_1 . p + m_2 . RT/m_1 . M_2 . p$$

Logo, posso escrever que:

$$1/c = (RT/p) . [1/M_1 + m_2/(m_1 . M_2)]$$

Entretanto sabe-se que:

$$n_2 = m_2/M_2$$

Substituindo convenientemente as duas últimas expressões, vem que:

$$1/c = (RT/p). (1/M_1 + n_2/m_1)$$

6. Quinta Deduções em Concentrações e Molaridades

No parágrafo anterior, demonstrei que:

$$1/c = (RT/p) . [1/M_1 + m_2/(m_1 . M_2)]$$

Porém, sabe-se que a molalidade é expressa por:

$$W = n_1/m_2$$

O que permite escrever que:

$$m_2 = n_1/W$$

Assim, posso estabelecer a seguinte expressão matemática:

$$1/c = (RT/p) . [1/M_1 + n_1/(m_1 . M_2 . W)]$$

Também, sabe-se que:

$$n_1 = m_1/M_1$$

Tal expressão permite escrever que:

$$n_1/m_1 = 1/M_1$$

Agora, posso estabelecer a seguinte equação:

$$1/c = (RT/p) . [1/M_1 + 1/(M_1 . M_2 . W)]$$

Portanto, posso escrever que:

$$1/c = (RT/p . M_1) . [1 + (1/M_2 . W)]$$

É interessante observar que a Molaridade (Δ) é igual ao quociente da concentração comum (c), inversa pela molécula grama do soluto (M_1).

Simbolicamente, pode-se escrever que:

$$\Delta = c/M_1$$

Tal relação permite concluir que:

$$M_1/c = 1/\Delta$$

Demonstrei que:

$$1/c = (RT/p \cdot M_1) \cdot [1 + (1/M_2 \cdot W)]$$

Com relação a tal expressão, posso escrever que:

$$M_1/c = (RT/p) \cdot [1 + (1/M_2 \cdot W)]$$

Portanto, posso concluir a seguinte verdade:

$$1/\Delta = (RT/p) \cdot [1 + (1/M_2 \cdot W)]$$

7. Sexta Deduções em Concentrações e Molaridades

A Lei de Clapeyron permite escrever que:

$$V = (n_1 + n_2) \cdot RT/p$$

Substituindo a referida expressão na equação da concentração comum, posso escrever que:

$$c = m_1 \cdot p/(n_1 \cdot RT + n_2 \cdot RT)$$

Naturalmente, posso escrever que:

$$1/c = (n_1 \cdot RT + n_2 \cdot RT)/m_1 \cdot p$$

Logicamente, posso estabelecer que:

$$1/c = (n_1 \cdot RT/m_1 \cdot p) + (n_2 \cdot RT/m_1 \cdot p)$$

Isolando os termos posso escrever que:

$$1/c = RT/p \cdot (n_1/m_1 + n_2/m_1)$$

Porém, sabe-se que:

$$1/M_1 = n_1/m_1$$

Substituindo convenientemente as duas últimas expressões, vem que:

$$1/c = RT/p \cdot (n_1/M_1 + n_2/m_1)$$

Evidentemente, posso escrever que:

$$p = RTc \cdot (1/M_1 + n_2/m_1)$$

Assim, vem que:

$$p = RT \cdot (c/M_1 + n_2 \cdot c/m_1)$$

Porém, sabe-se que:

$$\Delta = c/M_1$$

Substituindo convenientemente as duas últimas expressões, vem que:

$$p = RT \cdot (\Delta + n_2 \cdot c/m_1)$$

Sabe-se que:

$$c = m_1/V$$

Substituindo convenientemente as duas últimas expressões, vem que:

$$p = RT \cdot (\Delta + n_2 \cdot m_1/m_1 \cdot V)$$

Eliminando os termos em evidência, resulta que:

$$p = RT \cdot (\Delta + n_2/V)$$

Também, sabe-se que:

$$\Delta = n_1/V$$

Com relação a tal expressão, posso escrever que:

$$V = n_1/\Delta$$

Portanto posso estabelecer que:

$$p = RT \cdot (\Delta + n_2 \cdot \Delta \cdot V/n_1)$$

Assim, posso concluir a seguinte verdade:

$$p = RT \cdot \Delta \cdot (1 + n_2/n_1)$$

8. Molaridade e Energia Cinética

A molaridade (Δ) é a relação entre o número de moles do soluto (n_1) e o volume da solução (V). Simbolicamente, escreve-se que:

$$\Delta = n_1/V$$

Sabe-se que:

$$V = 2E_c/3p$$

Substituindo convenientemente as duas últimas expressões, vem que:

$$\Delta = 3/2 . n_1 . p/E_c$$

9. Molaridade e Velocidade Molecular

Sabe-se que:

$$\Delta = n_1/V$$

Também sabe-se que:

$$V = (m_1 + m_2) . v^2/3p$$

Substituindo convenientemente as duas últimas expressões, vem que:

$$\Delta = n_1 . 3p/(m_1 + m_2) . v^2$$

Naturalmente, posso escrever que:

$$1/\Delta = m_1 \cdot v^2 + m_2 \cdot v^2/n_1 \cdot 3p = m_1 \cdot v^2/n_1 \cdot 3p + m_2 \cdot v^2/n_1 \cdot 3p$$

$$1/\Delta = v^2/3p \cdot (m_1/n_1 + m_2/n_1)$$

Porém, sabe-se que:

$$W = n_1/m_2$$

O que permite escrever que:

$$1/W = m_2/n_1$$

Portanto, posso escrever que:

$$1/\Delta = v^2/3p \cdot (m_1/n_1 + 1/W)$$

Porém, sabe-se que:

$$n_1 = m_1/M_1$$

O que permite escrever que:

$$M_1 = m_1/n_1$$

Portanto, posso concluir o seguinte:

$$1/\Delta = v^2/3p \cdot (M_1 + 1/W)$$

Misturas e Soluções
LEANDRO BERTOLDO

10. Normalidade e Velocidade Molecular

A normalidade é expressa pela relação matemática existente entre o número de equivalentes do soluto (e_1) e o volume da solução (V). O referido enunciado é expresso simbolicamente por:

$$N = e_1/V$$

Sabe-se que o volume é expresso por:

$$V = (m_1 + m_2) \cdot v^2/3p$$

Substituindo convenientemente as duas últimas expressões, vem que:

$$N = e_1/[(m_1 + m_2) \cdot v^2/3p]$$

O que permite escrever que:

$$N = e_1 \cdot 3p/(m_1 \cdot v^2 + m_2 \cdot v^2)$$

Naturalmente, posso escrever que:

$$1/N = (m_1 \cdot v^2 + m_2 \cdot v^2)/e_1 \cdot 3p$$

Assim, vem que:

$$1/N = m_1 \cdot v^2/e_1 \cdot 3p + m_2 \cdot v^2/e_1 \cdot 3p$$

Evidentemente vem que:

$$1/N = v^2/3p \cdot (m_1/e_1 + m_2/e_1)$$

Entretanto, sabe-se que:

$$e_1 = m_1/eq_1$$

O que permite escrever:

$$m_1 = e_1 \cdot eq_1$$

Portanto, posso concluir que:

$$1/N = v^2/3p \cdot (e_1 \cdot eq_1/e_1 + m_2/e_1)$$

Eliminando os termos em evidência, vem que:

$$1/N = v^2/3p \cdot (eq_1 + m_2/e_1)$$

Também sabe-se que:

$$e_1 = m_1/eq_1$$

Substituindo convenientemente as duas últimas expressões, pode-se escrever que:

$$1/N = v^2/3p \cdot (eq_1 + m_2 \cdot eq_1/m_1)$$

Com relação a tal expressão, posso escrever que:

$$1/N = v^2 \cdot eq_1/3p \cdot (1 + m_2/m_1)$$

Sabe-se que a molalidade pode ser escrita da seguinte forma:

$$1/W \cdot M_1 = m_2/m_1$$

Substituindo convenientemente as duas últimas expressões, posso escrever que:

$$1/N = v^2 . eq_1/3p . (1 + 1/W . M_1)$$

11. Normalidade e Energia Cinética

Sabe-se que:

$$N = e_1/V$$

Também sabe-se que:

$$V = 2E_c/3p$$

Substituindo as duas últimas expressões, vem que:

$$N = e_1 . 3p/2E_c$$

12. Normalidade e Temperatura

Sabe-se que:

$$V = (m_1/M_1 + m_2/M_2) . RT/p$$

O que permite escrever:

$$V = [(m_1/M_2 + m_2/M_1)/M_1 . M_2] RT/p$$

Também sabe-se que:

$$N = e_1/V$$

Substituindo convenientemente as duas últimas expressões, vem que:

$$N = e_1 . M_1 . M_2 . p/RT . m_1 . M_2 + m_2 . M_1 . RT$$

Naturalmente posso escrever que:

$$1/N = RT . m_1 . M_2 + m_2 . M_1 . RT /e_1 . M_1 . M_2 . p$$

Isolando convenientemente os termos da referida expressão vem que:

$$1/N = RT/p . (m_1 . M_2 + m_2 . M_1/e_1 . M_1 . M_2)$$

Logicamente posso escrever que:

$$1/N = RT/p . [(m_1 . M_2/e_1 . M_1 . M_2) + (m_2 . M_1/e_1 . M_1 . M_2)]$$

Eliminando os termos em evidência, vem que:

$$1/N = RT/p . [(m_1/e_1 . M_1) + (m_2/e_1 . M_2)]$$

Naturalmente posso estabelecer que:

$$1/N = RT/p . e_1 . (m_1/M_1 + m_2/M_2)$$

Como:

$$n = m/M$$

Então vem que:

$$1/N = RT/p \cdot e_1 \cdot (n_1 + n_2)$$

Sabendo-se que:

$$1/N = RT/p \cdot (m_1/e_1 \cdot M_1) + (m_2/e_1 \cdot M_2)$$

Também sabe-se que:

$$m_2 = m_1/M_1 \cdot W$$

Substituindo convenientemente as duas últimas expressões, vem que:

$$1/N = RT/p \cdot [(m_1/e_1 \cdot M_1) + (m_1/e_1 \cdot M_2 \cdot M_1 \cdot W)]$$

Logo posso escrever que:

$$1/N = (RT \cdot m_1/p \cdot e_1 \cdot M_1) \cdot (1 + 1/M_2 \cdot W)$$

Como:

$$n_1 = m_1/n_1$$

Então vem que:

$$1/N = (RT \cdot n_1/p \cdot e_1) \cdot (1 + 1/M_2 \cdot W)$$

13. Fração Molar e Energia Cinética

A fração molar do soluto é a relação entre o número de moles do soluto (n_1) e o número de moles da solução ($n_1 + n_2$).

Simbolicamente pode-se escrever que:

$$X = n_1/(n_1 + n_2)$$

Também sabe-se que:

$$n_1 + n_2 = 2E_c/3RT$$

Substituindo as duas últimas expressões, vem que:

$$X = n_1 . 3RT/2E_c$$

14. Fração Molar e Molaridade

A molalidade é expressa pela seguinte relação:

$$W = n_1/m_2$$

Sabe-se que:

$$X = n_1 . 3RT/2E_c$$

Substituindo convenientemente as duas últimas expressões, vem que:

$$X = 3/2 . W . m_2 . RT/E_c$$

15. Fração Molar e Volume

Sabe-se que:

$$X = n_1/(n_1 + n_2)$$

Também sabe-se que:

$$n_1 + n_2 = PV/RT$$

Substituindo convenientemente as duas últimas expressões, vem que:

$$X = n_1 . RT/PV$$

Como:

$$n_1 = W . m_2$$

Vem que:

$$X = W . m_2 . RT/PV$$

16. Título e Energia Cinética

O título é expresso por:

$$b = m_1/(m_1 + m_2)$$

Também, posso escrever que:

$$m_1 + m_2 = 2E_c/v^2$$

Substituindo convenientemente as duas últimas expressões, vem que:

$$b = m_1 . v^2/2E_c$$

17. Título e Velocidade

Sabe-se que:

$$b = m_1/(m_1 + m_2)$$

Também sabe-se que:

$$m_1 + m_2 = 2p \cdot V/v^2$$

Substituindo convenientemente as duas últimas expressões, vem que:

$$b = m_1 \cdot v^2/3p \cdot V$$

Como:

$$c = m_1/V$$

Vem que:

$$b = c \cdot v^2/3p$$

18. Relações Simples

Demonstrei que:

a) $X = n_1 \cdot 3RT/2E_c$
b) $b = m_1 \cdot v^2/2E_c$

A relação entre ambos os termos permite escrever que:

$$X/b = (n_1 . 3RT/2E_c)/(m_1 . v^2/2E_c)$$

Portanto, vem que:

$$X/b = n_1 . 3RT . 2E_c/m_1 . v^2 . 2E_c$$

Eliminando os termos em evidência vem que:

A) $X/b = n_1 . 3RT/m_1 . v^2$

Como:

$$n_1/m_1 = 1/M_1$$

Vem que:

B) $X/b = 3RT/M_1 . v^2$

Voltando a formula:

$$X/b = n_1 . 3RT/m_1 . v^2$$

Sabe-se que:

$$m_1 = c . V$$

Substituindo convenientemente as duas últimas expressões, vem que:

$$X/b = n_1 . 3RT/c . V . v^2$$

Também sabe-se que:

$$\Delta = n_1/V$$

Substituindo convenientemente as duas últimas equações vem que:

$$X/b = \Delta . 3RT/c . v^2$$

Portanto, posso escrever que:

C) $X . c/b . \Delta = 3R\ T/v^2$

Considere a equação:

$$X . c/b = n_1 . 3RT/V . v^2$$

Sabe-se que a normalidade é expressa por:

$$N = e_1/V$$

Substituindo convenientemente as duas últimas expressões, vem que:

$$X . c/b = n_1 . N . 3RT/e_1 . v^2$$

Portanto, posso escrever que:

D) $X . c/b . N = (n_1/e_1) . (3RT/v^2)$

Porém, sabendo-se que:

c) $n_1 = \Delta . V$
d) $e_1 = N . V$

Dividindo membro a membro, resulta que:

$$n_1/e_1 = \Delta/N$$

Substituindo convenientemente a referida expressão em (**D**), obtém-se (**C**).

19. Concentrabilidade de Fases

A lei da partição de Nernst, permite escrever que numa mistura heterogênea de duas fases, o coeficiente (**k**) de partição de Nernst, é igual à concentração do soluto numa das fases (c_A), inversa pela concentração do soluto na outra fase (c_B). Simbolicamente, pode-se escrever que:

$$k = c_A/c_B$$

É evidente que a massa total do soluto é a soma existente entre a massa do soluto concentrada em cada uma das fases da mistura heterogênea. Simbolicamente pode-se escrever que:

$$m_{T1} = m_{A1} + m_{B1}$$

Para avaliar que proporção da massa do soluto exposto na mistura, sofre os fenômenos de concentração nas fases da mistura, apresento as definições das seguintes grandezas adimensionais:

a) Concentrabilidade na Fase (A):

$$\alpha_A = m_{A1}/m_{T1}$$

b) Concentrabilidade na Fase (B):

$$\alpha_B = m_{B1}/m_{T1}$$

Somando as duas grandezas, obtém-se que:

$$\alpha_A + \alpha_B = m_{A1}/m_{T1} + m_{B1}/m_{T1} = (m_{A1} + m_{B1})/m_{T1} = m_{T1}/m_{T1}$$

Portanto, posso concluir que:

$$\alpha_A + \alpha_B = 1$$

Desse modo, por exemplo, uma fase pode apresentar concentrabilidade $\alpha = 0,7$, o que significa que 70% do soluto distribuído na mistura encontram-se concentrado numa das fases. Os restantes 30%, se concentram na outra fase da mistura.

20. Concentração Parcial

Pela Lei da Partição de Nernst, sabe-se que:

$$k = c_A/c_B$$

O que permite escrever:

$$k = (m_{A1}/V_A)/(m_{B1}/V_B)$$

O que resulta:

$$k = m_{A1} \cdot V_B/m_{B1} \cdot V_A$$

Demonstrei que a concentrabilidade de fase é expressa por:

$$\alpha_A = m_{A1}/m_{T1}$$

e

$$\alpha_B = m_{B1}/m_{T1}$$

Substituindo convenientemente as três últimas expressões, vem que:

$$k = (\alpha_A . m_{T1} . V_B)/(\alpha_B . m_{T1} . V_A)$$

Eliminando os termos em evidência resulta que:

$$k = (\alpha_A . V_B)/(\alpha_B . V_A)$$

Naturalmente, posso escrever que:

$$k = (\alpha_A/V_A)/(\alpha_B.V_B)$$

Desse modo, defino o conceito de concentração parcial de forma genérica pela seguinte relação de Leandro.

$$c = \alpha/V$$

21. Concentração e Dilatação

Seja uma mistura, cuja massa do soluto é (m_1), e ocupa um volume (V_0) à temperatura (T_0) e um volume (V) à temperatura (T).

Na temperatura (T_0) a concentração da solução é representada por:

$$c_0 = m_1/V_0$$

Na temperatura (T), tem-se que:

$$c = m_1/V$$

por:
    Sabe-se que a dilatação volumétrica é expressa

$$V = V_0 . (1 + \gamma . \Delta T)$$

Onde a letra (γ) gama, representa uma constante de proporcionalidade. Desse modo, posso escrever que:

$$c = m_1/V_0 . (1 + \gamma . \Delta T)$$

Como:

$$c_0 = m_1/V_0$$

Posso concluir que:

$$c = c_0/(1 + \gamma . \Delta T)$$

    Tal expressão implica que a concentração diminui por um fator de ($1 + \gamma . \Delta T$); portanto, a concentração diminui com o aumento da temperatura, tornando a solução mais diluída.

    Analogicamente, tem-se para a molaridade a seguinte expressão:

$$\Delta = \Delta_0/(1 + \gamma . \Delta T)$$

Evidentemente, também a normalidade pode ser expressa por:

$$N = N_0/(1 + \gamma \cdot \Delta T)$$

22. Diluição de Leandro

Diluir significa desfazer ou dissolver uma substância num líquido. Enfraquecer, por difusão. Defino matematicamente a grandeza física denominada diluição (**D**), como sendo igual ao quociente do volume do solvente (**V₂**), inverso pela massa do soluto (**m₁**). Simbolicamente a inovadora definição é representada pela seguinte relação:

$$D = V_2/m_1$$

Isto significa que a diluição será tanto maior quanto maior for o volume do solvente e tanto menor quanto maior for a massa do soluto (**m₁**). Observe que, segundo a referida definição, a diluição não é um conceito inverso ao da concentração.

23. Equilíbrio de Solução - Lei de Leandro

A experiência demonstra que quando se coloca o soluto em presença do solvente, aquele se distribui uniformemente por toda extensão do solvente. Assim a situação final de equilíbrio que traduz uma igualdade de diluição em qualquer parte da solução, constituindo o que chamo de equilíbrio de solução. Assim, dois pontos de uma solução em equilíbrio possuem obrigatoriamente diluições iguais.

24. Flux

O flux de uma solução é uma grandeza física definida por Leandro como sendo igual ao quociente da massa de um soluto (m_1), inversa para variação do tempo (Δt) decorrido da presença do soluto no solvente até o momento do equilíbrio da solução.

Simbolicamente o referido enunciado é expresso pela seguinte relação:

$$\phi = m_1/\Delta t$$

É evidente que o flux é uma grandeza que varia com a temperatura, com a pressão, com as substâncias envolvidas, com o próprio volume o qual tende a distribuir-se e muito outros fatores. Porém, encontro-me sem ânimo para realizar tais experiências.

25. Intensidade

Numa solução, defino o conceito de intensidade (**i**), como sendo igual ao quociente do flux (ϕ), inverso pelo volume do solvente (V_2).

Simbolicamente, o referido enunciado é expresso pela seguinte relação:

$$i = \phi/V_2$$

26. Relação Entre Flux e Intensidade

Defino flux por:

$$\phi = m_1/\Delta t$$

Defino intensidade por:

$$i = \phi/V_2$$

Substituindo convenientemente as duas últimas expressões, vem que:

$$i = m_1/\Delta t . V_2$$

27. Concentração de Leandro

Segundo Leandro, a concentração é uma grandeza definida como sendo igual ao quociente da massa do soluto (m_1), inversa pelo volume do solvente (V_2). Simbolicamente, o referido enunciado é expresso pela seguinte relação matemática:

$$L = m_1/V_2$$

A definição de concentração por Leandro é muito mais interessante do que a definição clássica, pelo fato de considerar a massa do soluto distribuída no volume do solvente e não pelo volume da solução. A definição clássica de concentração considera o soluto distribuído no seu próprio volume.

Misturas e Soluções
LEANDRO BERTOLDO

28. Relação Entre Diluição e Concentração

Demonstrei que:

$$D = V_2/m_1$$

Demonstrei que:

$$L = m_1/V_2$$

que: Multiplicando-se membro a membro, obtém-se

$$D/L = V_2.m_1/m_1.V_2$$

Ao eliminar os termos em evidência, vem que:

$$D . L = 1$$

29. Flux e Diluição

Demonstrei que:

$$\phi = m_1/\Delta t$$

Também demonstrei que:

$$D = V_2/m_1$$

Substituindo as duas últimas expressões, vem que:

$$\phi = V_2/D . \Delta t$$

30. Flux e Concentração de Leandro

Sabe-se que:

$$\phi = m_1/\Delta t$$

Demonstrei que:

$$L = m_1/V_2$$

Substituindo as duas últimas expressões, vem que:

$$\phi = L \cdot V_2/\Delta t$$

31. Intensidade, Diluição e Concentração

Sabe-se que:

$$D = V_2/m_1$$

Também, sabe-se que:

$$i = m_1/\Delta t \cdot V_2$$

Substituindo as duas últimas expressões, vem que:

$$i = 1/D \cdot \Delta t$$

Demonstrei que:

$$D \cdot L = 1$$

Substituindo as duas últimas expressões, vem que:

$$i = L/\Delta t$$

32. Tombo de uma Solução

Tombo de uma solução é a massa do soluto dissolvida numa determinada massa de solvente. Ou seja, o tombo de uma solução é igual à relação entre a massa do soluto (m_1) pela massa do solvente (m_2). Simbolicamente o referido enunciado é expresso por:

$$r = m_1/m_2$$

33. Titela de uma Solução

Segundo Leandro, titela de uma solução é igual à relação entre o volume do soluto pelo volume do solvente. O referido enunciado é expresso por:

$$e = V_1/V_2$$

Portanto, titela de uma solução é o volume do soluto distribuído num determinado volume de solvente.

34. Trituracórica

Leandro define a trituracórica como sendo uma grandeza igual ao quociente do número de moles do soluto (n_1) inversa pelo volume do solvente (V_2).

Simbolicamente, o referido enunciado é expresso por:

$$f = n_1/V_2$$

35. Concento

Concento é uma grandeza que defino como sendo igual à relação entre o número de moles do soluto (n_1) pelo número de moles do solvente (n_2). Simbolicamente, posso escrever que:

$$h = n_1/n_2$$

36. Isonormal

Defino a grandeza denominada por isonormal, como sendo a relação entre o número de equivalentes do soluto (e_1) pelo número de equivalentes do solvente (e_2). Simbolicamente, posso escrever que:

$$I = e_1/e_2$$

No estilo clássico eu definiria Isonormal pela seguinte expressão:

$$I = e_1/(e_1 + e_2)$$

Estabelecendo-se um solvente universal, pode-se tabelar o isonormal para todos os solutos que vão constituir uma solução.

37. Coriconormal

Defino coriconormal como sendo a relação existente entre o número de equivalentes do soluto (e_1) pelo volume do solvente (V_2). Simbolicamente pode-se escrever que:

$$s = e_1/V_2$$

38. Materinormal

Defino materinormal pela relação entre o número de equivalentes do soluto (e_1) pela massa do solvente (m_2).
Simbolicamente, pode-se escrever que:

$$u = e_1/m_2$$

39. Unidades

As grandezas adimensionais estabelecidas no presente tratado devem ser expressas em termos de porcentagem. Quanto às demais grandezas, temos um sistema de unidades, que representa o volume em litros (l), a massa em gramas (g). Então, tem-se o seguinte quadro:

Unidades das Soluções: Volume: litro (l); Massa: grama (g); Tempo: segundo (s)

40. Lei da Partição de Leandro

A Lei da partição de Leandro é definida de acordo com o fundamento de concentração de Leandro. Assim costumo escrever que:

$$\beta = L_A/L_B$$

Onde a letra (β) é o coeficiente de partição de Leandro. Outra forma de expressar a referida relação é a seguinte:

$$\beta = (m_{A1}/V_{A2})/(m_{B1}/V_{B2})$$

Onde o índice (**1**) representa o soluto e o índice (**2**) o solvente.

Com relação a tal expressão, posso escrever que:

$$\beta = m_{A1} \cdot V_{B2}/m_{B1} \cdot V_{A2}$$

A massa total (m_{T1}) do soluto de ambas as fases é expressa por:

$$m_{T1} = m_{A1} + m_{B1}$$

O volume total (V_{T2}) do solvente de ambas as fases é expresso por:

$$V_{T2} = V_{A2} + V_{B2}$$

Substituindo convenientemente as três últimas expressões, posso escrever que:

$$\beta = (m_{T1} - m_{B1}) \cdot (V_{T2} - V_{A2})/m_{B1} \cdot V_{A2}$$

Sabe-se que:

$$(m_{T1} - m_{B1}) \cdot (V_{T2} - V_{A2}) = (m_{T1} \cdot V_{T2}) - (m_{B1} \cdot V_{T2}) - (m_{T1} \cdot V_{A2}) + (m_{B1} \cdot V_{A2})$$

Substituindo as duas últimas expressões, vem que:

$$\beta = (m_{T1} \cdot V_{T2}/m_{B1} \cdot V_{A2}) - (m_{B1} \cdot V_{T2}/m_{B1} \cdot V_{A2}) - (m_{T1} \cdot V_{A2}/m_{B1} \cdot V_{A2}) + (m_{B1} \cdot V_{A2}/m_{B1} \cdot V_{A2})$$

Eliminando os termos em evidência, vem que:

$$\beta = (m_{T1} \cdot V_{T2}/m_{B1} \cdot V_{A2}) - V_{T2}/V_{A2} - m_{T1}/m_{B1} + 1$$

Naturalmente, posso escrever que:

$$\beta = m_{T1}/m_{B1} \cdot [(V_{T2}/V_{A2}) - 1] - [(V_{T2}/V_{A2}) + 1]$$

Também posso escrever que:

$$\beta = V_{T2}/V_{A2} \cdot [(m_{T1}/m_{B1}) - 1] - [(m_{T1}/m_{B1}) + 1]$$

3. Físico-Química

A força (**D**) de uma reação química é uma quantidade definida por Leandro e que indica como a energia livre (ΔG) varia com a concentração (ΔC) de um reagente ou produto. Ou seja, defino a força de reação como sendo a energia livre por concentração de um dos produtos.

Simbolicamente, posso escrever a seguinte relação:

$$D = \Delta G/\Delta C$$

Um meio mais sofisticado para obter a força de reação a uma concentração dada emprega princípios de cálculo. Assim a força instantânea da reação é expressa por:

$$D = dG/dC$$

A equação de Gibbs-Helmholtz estabelece que:

$$\Delta G = \Delta H - T . \Delta S$$

Onde (ΔH), representa a variação de entalpia; (ΔS) a variação na entropia entre produtos e reagentes e (**T**) a temperatura absoluta. Desse modo, pode-se escrever que:

$$D = \Delta H - T . \Delta S/\Delta C$$

A velocidade de reação permite afirmar que:

$$V = \Delta C/\Delta t$$

Onde (Δt), representa a variação de tempo da reação.

Logo, substituindo convenientemente as duas últimas expressões, posso concluir que:

$$D = \Delta H - (T . \Delta S/V . \Delta t)$$

Também, pode-se escrever que:

$$D = \Delta G/V . \Delta t$$

Porém, defino a potência de reação (**p**) como sendo igual ao quociente da energia livre (ΔG), inversa pela variação de tempo (Δt) da reação do produto ou reagente.
Simbolicamente, posso estabelecer que:

$$p = \Delta G/\Delta t$$

Assim, substituindo convenientemente as duas últimas expressões, vem que:

$$D = p/V$$

2. Quantidade Reativa

Quantidade reativa é uma grandeza que defino como sendo igual ao produto existente entre a força de reação pelo tempo de reação.

por:
Simbolicamente, o referido enunciado é expresso

$$Q = D . \Delta t$$

Desse modo, posso estabelecer que:

$$Q = p . \Delta t/V$$

Posso estabelecer que:

$$Q = \Delta G . \Delta t/\Delta t . V$$

Eliminando os termos em evidência, vem que:

$$Q = \Delta G/V$$

Sabe-se que:

$$D = \Delta H - (T . \Delta S . \Delta t/V . \Delta t)$$

Ao eliminar os termos em evidência, vem que:

$$Q = \Delta H - (T. \Delta S/V)$$

Sabe-se que:

$$V = \Delta C/\Delta t$$

Logo, posso escrever que:

$$Q = D . \Delta C/V$$

Posso concluir que:

$$Q = (p \cdot \Delta t)/(\Delta C/\Delta t)$$

Assim, vem que:

$$Q = p \cdot \Delta t^2/\Delta C$$

Também, posso estabelecer que:

$$Q = \Delta G/(\Delta C/\Delta t)$$

Desse modo, vem que:

$$Q = \Delta G \cdot \Delta t/\Delta C$$

Também, posso concluir que:

$$Q = (\Delta H - T \cdot \Delta S)/(\Delta C/\Delta t)$$

Logo, vem que:

$$Q = [(\Delta H - T \cdot \Delta S) \cdot \Delta t]/\Delta C$$

4. Nova Equação Termoquímica

$\mathbf{N}$uma reação química as quantidades de calor dos produtos e dos reagentes, podem respectivamente ser expressas simbolicamente por:

a) $Q_p = T \cdot S_p$
b) $Q_R = T \cdot S_R$

Onde (**T**) representa a temperatura e (**S**) a entropia. Sendo a reação altamente reversível e $Q_p > Q_R$, então a reação se deslocará em uma direção. De acordo com o critério de espontaneidade, posso escrever que:

$$Q_p = T \cdot S_p$$
$$- Q_R = T \cdot S_R$$

Donde, somando membro a membro, resulta que:

I $T = (Q_p - Q_R) / (S_p + S_R)$

A equação de Gibbs-Helmholtz, aplicada aos produtos e aos reagentes, pode ser respectivamente expressa por:

c) $G_p = H_p - T \cdot S_p$
d) $G_R = H_R - T \cdot S_R$

Logo, pode-se estabelecer que:

e) $T \cdot S_p = H_p - G_p$
f) $T \cdot S_R = H_R - G_R$

Assim, pode-se concluir que:

g) $Q_p = H_p - G_p$
h) $Q_R = H_R - G_R$

Portanto, substituindo convenientemente as expressões (g) e (h) em (I), vem que:

$$T = (H_p - G_p - H_R + G_R) / (S_p + S_R)$$

Desse modo, posso escrever que:

$$T = (G_R - G_p + H_p - H_R) / S_p + S_R$$

Sendo:

$$\Delta G = G_R - G_p$$
$$\Delta H = H_p - H_R$$

Posso concluir a seguinte verdade:

II $T = (\Delta G + \Delta H) / (S_p + S_R)$

Sendo que os resultados obtidos em (**I**) e (**II**) representam uma nova equação termoquímica, característica de uma reação reversível.

5. Velocidade Osmométrica

A difusão é uma interdissolução espontânea. Assim, considere um recipiente com água, em cujas paredes deixam-se cair, lentamente, certa quantidade de álcool. Inicialmente, os líquidos apresentarão duas camadas distintas. Entretanto, aos poucos, as moléculas de álcool irão passando para a água, e vice-versa, até que as duas substâncias formem uma solução, igualando a concentração.

2. Definição de Velocidade Osmometrica

Para discutir velocidade osmométrica de difusão de um modo fundamental, é absolutamente necessário conhecer o que significa este termo.

Assim, a velocidade osmometrica é uma quantidade positiva que indica como a concentração de uma solução diluída ou concentrada varia com o tempo.

As experiências têm demonstrado que com o decorrer do tempo a solução diluída torna-se mais concentrada e a solução concentrada fica menos concentrada (desconcentrada) até que ambas igualam-se.

Portanto, segundo Leandro, a velocidade osmométrica pode ser tomada como sendo a variação na concentração por unidade de tempo de uma das fases (diluída ou concentrada) até a igualdade de concentração formando uma fase.

Simbolicamente, posso escrever que:

$$V = \Delta c/\Delta t$$

De outra forma, a velocidade pode ser expressa em termos da desconcentração de uma das fases da solução.

Simbolicamente, posso escrever que:

$$V = -\Delta c/\Delta t$$

A velocidade instantânea da difusão é expressa por:

$$V = -d(\Delta c)/dt$$

À medida que vai se estabelecendo o equilíbrio de concentração entre as fases da solução, a velocidade osmométrica diminui com o tempo.

Naturalmente, a velocidade osmométrica depende da temperatura e da pressão a qual está sujeita a solução.

6. Fator de Quantidade

O fator de quantidade em soluções moleculares e iônicas origina-se da facilidade de determinar os extremos de variação do fator de vant'Hoff (i). Sendo que o mínimo ocorre quando a substância é totalmente molecular ($i = 1$). O máximo ocorre quando a substância é totalmente iônica ($i = q$). O simples fato de existir os extremos de variação de (i) permite definir o fator de quantidade.

2. Definição

Sabe-se que o fator de vant'Hoff (i) serve para calcular o número médio de partículas existentes em solução por cada molécula dissolvida. Sendo simbolicamente expresso por:

$$i = 1 + \alpha (q - 1)$$

Onde a letra (α) representa o grau de ionização e a letra (q), caracteriza o número de partículas fornecidas por (n) moléculas ionizadas.

Assim, defino o fator de quantidade pela seguinte equação:

$$Q = q . (1 + i)/2$$

Onde a letra (Q) representa o que tenho chamado por fator de quantidade.

Considerando um mínimo quando a substância é totalmente molecular e um máximo quando a substância é totalmente iônica, posso afirmar que o fator de quantidade dentro desse intervalo será expresso por:

$$Q = q \cdot (1 + q)/2$$

Assim, vem que:

$$Q = (q + q^2)/2$$

Considerando a equação que define o fator de vant'Hoff e a expressão que caracteriza o fator de quantidade, posso substituir convenientemente as referidas expressões, de forma que:

$$Q = q \cdot [1 + 1 + \alpha \cdot (q - 1)]/2$$

Portanto, posso escrever que:

$$Q = [2q + q \cdot \alpha \cdot (q - 1)]/2$$

$$Q = \frac{1}{2} (2q + q^2 \cdot \alpha - q \cdot \alpha)$$

Ou simplesmente:

$$Q = (q/2) \cdot [2 + \alpha \cdot (q - 1)]$$

7. Critério de Eletronegatividade

Colocam-se em contato todas as possíveis duplas de átomos; então, constata-se que elas apresentam eletronegatividade diversas. Desse modo proponho uma forma racional que consiste em referi-las ao valor que possuem em relação a um átomo de referência, por exemplo, o carbono ou outro qualquer. Escolhi o carbono porque ele é encontrado em larga escala na natureza e participa de boa parte das reações químicas. Assim, o carbono, teria eletronegatividade zero; enquanto que uma união entre o carbono e o oxigênio, apresentaria uma eletronegatividade facilmente calculável. Para melhor clareza é possível construir um gráfico indicando a eletronegatividade de cada átomo em relação ao carbono. Se, eventualmente, houver a necessidade de encontrar a eletronegatividade entre dois átomos, nenhum deles sendo o carbono, basta simplesmente calcular a eletronegatividade de ambos em relação ao carbono. Por exemplo, a diferença de eletronegatividade resultante de união entre o chumbo e o ferro, por exemplo, pode ser escrita da seguinte forma:

$$\Delta_{pb(c)} - \Delta_{Fe(c)} = \Delta_{pb(Fe)}$$

Onde o símbolo (Δ) representa a eletronegatividade. O símbolo **Pb** representa o chumbo e o símbolo **Fe** representa o ferro. A referida fórmula pode ser generalizada na seguinte forma:

$$\Delta_{x(R)} - \Delta_{y(R)} = \Delta_{x(y)}$$

8. Polaridade Molecular

Quando se ligam dois átomos de diferente eletronegatividade produzindo ligação molecular, o núcleo do átomo mais eletronegativo irá atrair elétrons do orbital molecular caracterizando uma ligação polarizada. Nessas condições a molécula é denominada por molécula polar porque se comporta como um "dipolo".

2. Carga Reduzida

Em um orbital não se pode afirmar que as cargas elétricas estão concentradas em apenas dois pontos; existe a região negativa e a região positiva. No entanto, costuma-se considerar hipoteticamente que as cargas positivas e as cargas negativas estão concentradas nos pontos ocupados pelos núcleos dos átomos em ligação. Tais cargas, iguais e de sinais contrários seriam as cargas efetivas (**q**) da ligação polar.

Assim, defino carga reduzida pela seguinte equação:

$$e = q \cdot Q/(q + Q)$$

Onde a letra (**e**), representa a carga reduzida, (**q**) a carga efetiva de um dos polos e (**Q**) a carga efetiva do outro polo. Onde (**e**) é menor que (**q**) por um fator **1/[1 + (q/Q)]**.

A carga reduzida é importante no estudo da ligação covalente.

Quando **q = Q**, posso estabelecer o seguinte:

$$e = q^2/2q$$

Eliminando os termos em evidências vem que:

$$e = q/2$$

3. Energia de Ligação

A energia de ligação entre as cargas efetivas da ligação polar pode ser expressa pelo produto existente entre a carga efetiva de referencia (**q**) e o potencial de ligação (**U**).

Simbolicamente, o referido enunciado é expresso por:

$$E = q \cdot U$$

Como a energia de ligação é calculada de uma carga em relação à outra pode-se escrever que o potencial de ligação polar é expresso por:

$$U = k \ q/l$$

Onde a letra (**k**), representa uma constante eletrostática, e (**l**) caracteriza a distância internuclear entre os dois polos e (**q**) o valor absoluto da carga elétrica efetiva.

Sabe-se que o momento dipolar (**μ**) é expresso por:

$$\mu = q \cdot l$$

Então, substituindo convenientemente as duas últimas expressões, vem que:

$$U = (k \cdot q/l)/(\mu/q)$$

Assim, vem que:

$$U = k \cdot q^2/\mu$$

Também, pode-se escrever que:

$$U = k \cdot \mu /l^2$$

Assim, posso afirmar que o potencial de ligação polar é diretamente proporcional ao momento dipolar e inversamente proporcional ao quadrado da distância internuclear.

Quanto à energia de ligação, posso escrever que:

$$E = k \cdot q^3/\mu$$

Ou seja:

$$E = k \cdot \mu \cdot q/l^2$$

Como:

$$q = \mu/l$$

Vem que:

$$E = k \, \mu^2/l^3$$

4. Momento Binário Polar

Suponha uma molecular polar (q^+ q^-) colocada em um campo elétrico uniforme ($\uparrow E$). A carga elétrica efetiva (q^+) da molécula fica sujeita a uma força ($\uparrow F$) de mesma direção é sentido que o campo ($\uparrow E$). A carga elétrica efetiva (q^-) fica sujeita a uma força ($-\uparrow F$), de mesma direção que o campo, porém, sentido oposto. Essa força ($\uparrow F$) é expressa por:

$$\uparrow F = q \cdot \uparrow E$$

A força que resulta na carga (q^-) tem igual módulo, com a mesma direção e sentido opostos, formando um binário. Esse binário tende a fazer a molécula entrar em rotação.

Sabe-se pela Mecânica Clássica, que o momento de um binário (M) é expresso pelo produto do módulo de uma das forças pela distância entre as forças.

Desse modo, pode-se escrever que:

$$M = |\uparrow F| \cdot AB$$

Desse modo, sendo (l) a distância internuclear da molécula e (α) o ângulo que o eixo da molécula faz com a direção do campo, tem-se que:

$$AB = l \cdot \operatorname{sen}\alpha$$

Portanto, pode-se escrever que:

$$M = q \cdot |\uparrow E| \cdot l \cdot \operatorname{sen}\alpha$$

Porém, sabe-se que o vetor momento dipolar é expresso por:

$$|\uparrow\mu| = q \cdot l$$

Substituindo convenientemente as duas últimas expressões, vem que:

$$M = |\uparrow E| \cdot |\uparrow\mu| \cdot sen\alpha$$

Então é evidente que esse conjugado imprime à molécula polar um movimento de rotação, até que a molécula tome uma posição na qual o ângulo (α)se anula, ocorrendo anulação do conjugado molecular. Porém, a molécula não entra em repouso bruscamente, por causa da inércia, na verdade ela continua o seu movimento, passando além da posição de equilíbrio. Mas, quando passa dessa posição, o conjugado atua em sentido oposto e faz molécula polar retornar. Tal fenômeno ocorre diversas vezes; ou seja, a molécula entra em oscilação, e depois entra em repouso alinhado com o campo elétrico.

5. Afinidade Polar

Defino a afinidade polar (**a**) em uma ligação polarizada, como sendo igual ao produto existente entre a carga elétrica efetiva (**q**) de um dos polos pela eletronegatividade (Δ).

Simbolicamente, o referido enunciado é expresso por:

$$a = q \cdot \Delta$$

9. Fenômenos Dielétricos

Colocando-se um dielétrico de moléculas polares entre as armaduras de um capacitor plano, inicialmente neutro, as moléculas polares apresentam uma extremidade eletrizada positivamente e a outra, negativamente, estando orientadas ao acaso. Eletrizando-se o capacitor, o campo elétrico entre as armaduras alinha as moléculas polares.

Então se torna evidente que dielétricos polarizáveis são constituídos por um conjunto de moléculas polares elementares.

Normalmente, estas moléculas se encontram arrumadas ao acaso, de modo que as ações mútuas entre as suas extremidades impedem qualquer manifestação elétrica externa. Eletrizar um dielétrico nada mais é do que ordenar as suas moléculas polares num mesmo sentido.

Logo é evidente que não é possível aumentar a eletrização de um dielétrico além de certo limite. Além do que, tal dielétrico perde as suas propriedades elétricas quando submetido a ações capazes de provocar uma desarrumação nas moléculas polares, tais como vibrações, aquecimentos etc.

2. Classificação dos Dielétricos

Sob um ponto de vista elétrico, pode-se classificar os dielétricos em três grupos; a saber:

a) **Unidielétricas**
b) **Bidielétricas**
c) **Apodielétricas**

As substâncias Unidielétricas apresentam constante dielétrica invariável, sendo um pouco maior que a do vácuo. São exemplos, o ar, o NH_3 gasoso, etc.

As substâncias Bidielétricas eletrizam-se intensamente e apresentam constante dielétrica muito maior que a do vácuo. Tem-se como exemplos, a água, a amônia líquida etc. As substâncias Bidielétricas são constituídas por moléculas polares.

As substâncias Apodielétricas são aquelas constituídas por moléculas apolares. Apresentam uma constante dielétrica diferente à do vácuo, pelo efeito da polarização induzida. Sendo exemplo, o tetracloreto de carbono líquido.

3. Ponto Dielétrico Térmico

A eletrização adquirida por uma substância Bidielétrica depende da temperatura. Quanto maior for a temperatura do dielétrico entre as armaduras de um capacitor plano, tanto menor será a eletrização dielétrica. Isso é natural porque a vibração das moléculas impede o perfeito alinhamento de seus polos, impedindo qualquer manifestação elétrica externa.

O ponto dielétrico térmico é a temperatura acima da qual o dielétrico perde totalmente as suas propriedades bidielétrica, transformando-se em Apodielétricas.

4. Ponto Dielétrico Potencial

O ponto dielétrico potencial é a diferença de potencial elétrico, produzido pelo capacitor plano, acima do qual o dielétrico perde as suas propriedades Bidielétrica.

No ponto dielétrico potencial a voltagem entre as armaduras do capacitor é tão intensa de dissociam a ligação polar.

5. Curva e Saturação Dielétrica

Quando se submete um dielétrico de moléculas polares, ainda não eletrizado, entre as armaduras de um capacitor plano de campo elétrico entre as armaduras (E) de valor crescente, a eletrização do dielétrico (E_d) cresce até tornar-se praticamente constante.

Costumo chamar a curva descrita por tal fenômeno de "curva de eletrização do dielétrico".

É interessante observar que, a partir de um determinado ponto, o valor da eletrização do dielétrico se mantém praticamente constante, apesar do campo elétrico do capacitor plano continuar crescendo. Tal fenômeno é denominado por "saturação dielétrica" e está de acordo com a teoria. Pois o campo elétrico produzido entre as armaduras do capacitor orienta as moléculas polares e desde que esta orientação seja completa a eletrização dielétrica não pode crescer mais.

6. Histerese Dielétrica

Quando se submete um dielétrico de moléculas polares entre as armaduras de um capacitor plano que produz um campo elétrico, que cresce desde zero até um valor (**E**), e, depois, decresce novamente até zero, verifica-se que a curva de deseletrificação não coincide com a curva de eletrificação do dielétrico. Há um atraso dos valores da eletrificação em relação aos valores correspondentes do campo elétrico produzido pelo capacitor. Tal fenômeno é denominado por "Histerese Dielétrica".

7. Momento Dielétrico

Considere um dielétrico de moléculas polares imerso em um campo elétrico produzido entre as armaduras de um capacitor plano.

Vou considerar um vetor, cujo módulo seja o comprimento (↑**l**) do dielétrico, cuja direção e sentido são determinados pelo campo elétrico produzido entre as armaduras do capacitor plano. Então, defino o momento dielétrico do dielétrico ao produto vetorial (↑**l**) pelo valor absoluto da carga elétrica efetiva da molécula polar, pelo número de moléculas.

Simbolicamente, o referido enunciado é expresso por:

$$\uparrow\mu = N \cdot |q| \cdot \uparrow l$$

Onde a letra (μ), representa o momento dielétrico; a letra (**N**) representa o número de moléculas polares que constituem o dielétrico; onde a letra (**q**) representa as cargas efetivas de ligação polar e a letra (**l**), representa o comprimento do dielétrico.

8. Eletrização Dielétrica

Pode-se chamar por eletrização dielétrica imersa no campo elétrico de um capacitor plano, à grandeza vetorial representada pelo quociente do momento dielétrico pelo volume (**V**) do dielétrico.

Simbolicamente, o referido enunciado é expresso por:

$$\uparrow I = \uparrow \mu/V$$

9. Densidade Dielétrica

Costumo chamar por densidade dielétrica de um dielétrico ao quociente número (**N**) de moléculas polares, que por sua vez é multiplicada pela carga efetiva da molécula polar e inversa pela área (S) da região dielétrica considerada.

Simbolicamente, o referido enunciado é expresso por:

$$T = N . q/S$$

10. Sensibilidade Dielétrica

Suponha que o campo elétrico produzido pelo capacitor seja feita no vácuo. Representarei por ($\uparrow E_0$), tal campo produzido no vácuo existente entre as armaduras do capacitor.

Então, denomino por sensibilidade dielétrica de um dielétrico ao quociente da eletrização dielétrica, inversa pelo valor do campo elétrico do capacitor, quando esse campo é produzido no vácuo. Simbolicamente, o referido enunciado é expresso por:

$$x = \uparrow I / \uparrow E_0$$

11. Indução Dielétrica

Além do vetor campo elétrico ($\uparrow E$), existe no campo elétrico outra grandeza vetorial que desempenha papel fundamental e importantíssimo em muitos fenômenos dielétricos. Costumo chama-lo por "indução dielétrica" e represento pela letra (L).

Defino a indução dielétrica em um ponto, como sendo igual ao produto existente entre a permissividade (ϵ) do meio pelo campo elétrico produzido nesse ponto (E).

Simbolicamente, o referido enunciado é expresso por:

$$|\uparrow L| = \epsilon . |\uparrow E|$$

12. Teorema de Coulomb e Variações de Leandro

O teorema de Coulomb permite escrever simbolicamente que:

$$|\uparrow E| = 4\pi |T| / \epsilon$$

Logicamente, a forma mais simples de um dielétrico entre as armaduras planas de um capacitor e a de um prisma reto. Nesse dielétrico as regiões de cargas elétricas são as bases do prisma. Então, em tais condições, posso escrever que:

$$|\uparrow I| = |\uparrow\mu|/V = N . |q| . l/S . l = N . |q|/S = T$$

Assim, pode-se escrever o teorema de Coulomb da seguinte forma:

$$|\uparrow E| = 4\pi . |\uparrow I|/\epsilon$$

Sabe-se que quando existe uma armadura plana positiva paralela à armadura plana negativa – do capacitor – infinitamente próxima e com densidade elétrica de mesmo valor absoluto, o campo elétrico em um ponto situado entre as armaduras é expresso pela equação anterior. Então a indução dielétrica em um ponto infinitamente próximo de uma das armaduras planas do capacitor pode ser expressa de acordo com a seguinte dedução:

$$|\uparrow L| = \epsilon |\uparrow E|; \text{ ou seja: } |\uparrow E| = |\uparrow L|/\epsilon$$

Logo, vem que:

$$|\uparrow L|/\epsilon = 4\pi . |\uparrow I|/\epsilon$$

Portanto, resulta:

$$|\uparrow L| = 4\pi . |\uparrow I|$$

13. Indução Dielétrica no Interior de um Dielétrico e Conseqüências

Considere um campo elétrico ($\uparrow E_0$) uniforme, produzido no vácuo por um capacitor plano. Representando por (ϵ_0) a permissividade elétrica do vácuo e por ($\uparrow L_0$) a indução dielétrica em um ponto qualquer desse campo. Tem-se então, para qualquer ponto desse campo a seguinte expressão:

$$\uparrow L_0 = \epsilon \cdot \uparrow E_0$$

Suponha agora que nesse campo seja colocado um dielétrico de moléculas polares. Para se calcular a indução dielétrica ($\uparrow L$) em um ponto qualquer (**p**) desse dielétrico, deve-se calcular a indução dielétrica produzida no ponto (**p**) devido à eletrização do dielétrico, e que deverá ser somada com a indução dielétrica ($\uparrow L_0$) que já existia antes do dielétrico de moléculas polares terem sido colocados no campo.

Na indução dielétrica produzida em (**p**) devido à eletrização do próprio dielétrico só influem a parte do dielétrico que se encontra infinitamente próxima do ponto (**p**). Considere traçada no interior do dielétrico uma cavidade retangular de lados infinitamente próximos, perpendicular ao campo e contendo o ponto (**p**) no seu interior. Tal ponto estará entre dois polos planos, paralelos, infinitivamente próximos e de densidade dielétricas (+T) e (−T). Nessas condições esses polos produzem em (**p**) uma indução dielétrica expressa por ($4\pi \cdot \uparrow I$).

Logo, a indução no ponto será a soma de ($\uparrow L_0$) com ($4\pi \cdot \uparrow I$). Ou seja:

$$\uparrow L = \uparrow L_0 + 4\pi . \uparrow I$$

Ou:

$$\uparrow L = \uparrow L_0 + 4\pi . |T|$$

Sabe-se que:

$$\uparrow L_0 = \epsilon_0 . \uparrow E_0$$

Pode-se escrever que:

$$\uparrow L = \epsilon_0 . \uparrow E_0 + 4\pi . \uparrow I$$

Sabendo-se que:

$$x = \uparrow I / \uparrow E_0$$

Pode-se escrever que:

$$\uparrow L = \epsilon_0 . \uparrow E_0 + 4\pi . x . \uparrow E_0$$

Ou seja:

$$\uparrow L = \uparrow E_0 . (\epsilon_0 + 4\pi . x)$$

Também, pode-se escrever que:

$$\uparrow L = (\epsilon_0 . \uparrow I / x) + 4\pi . \uparrow I$$

Assim, resulta:

$$\uparrow L = \uparrow I . [(\epsilon_0 / x) + 4\pi]$$

Misturas e Soluções
LEANDRO BERTOLDO

Como:

$$|\uparrow I| = |T|$$

Vem que:

$$\uparrow L = T . [(\epsilon_0/x) + 4\pi)]$$

Agora suponha que o referido dielétrico de permissividade elétrica (ϵ) seja colocado num campo elétrico de intensidade (E_0), produzido no vácuo. Esse dielétrico vai adquirir uma indução dielétrica (L), que está ligada a (E_0) pela seguinte equação:

$$\uparrow L = \epsilon . \uparrow E_0$$

Porém, sabe-se que:

$$\uparrow L = \uparrow E_0 . (\epsilon_0 + 4\pi . x)$$

Substituindo convenientemente as duas últimas expressões, vem que:

$$\epsilon . \uparrow E_0 = \uparrow E_0 . (\epsilon_0 + 4\pi . x)$$

Ao eliminar os termos em evidência, resulta que:

$$E = \epsilon_0 + 4\pi . x$$

Logo posso afirmar que a permissividade elétrica de um dielétrico de moléculas polares é igual à soma existente entre a premissividade elétrica do vácuo com 4π, vezes a sensibilidade dielétrica da substância.

14. Constante Dielétrica

A constante dielétrica é definida pela seguinte relação:

$$k = E/\mathbb{E}_0$$

Demonstrei que:

$$E = \mathbb{E}_0 + 4\pi.x$$

Substituindo convenientemente as duas últimas expressões, vem que:

$$k = \mathbb{E}_0 + 4\pi . x/\mathbb{E}_0$$

Logo, vem que:

$$k = 1 + 4\pi . x/\mathbb{E}_0$$

Também sabe-se que a constante dielétrica é igual à relação matemática existente entre a capacidade de capacitor com o dielétrico, pela capacidade do capacitor tendo o vácuo como dielétrico.

Simbolicamente, pode-se escrever que:

$$k = c/c_0$$

Substituindo convenientemente as duas últimas expressões, vem que:

$$c = c_0 . (1 + 4\pi . x/\mathbb{E}_0)$$

Misturas e Soluções
LEANDRO BERTOLDO

10. Cineosmose

No presente capítulo vou apresentar o conceito de propagação osmótica. E para compreender tal conceito considere o seguinte fato histórico: Dutrochet em 1829, concluiu experimentalmente que quando duas soluções de concentrações distintas são separadas por uma membrana semipermeável, aparece uma corrente osmótica, que parte da solução diluída para a concentrada. Isto é natural, haja vista que na natureza todas as coisas tendem a entrar em equilíbrio. Esta difusão através da membrana é denominada "osmose", mas poderia muito bem ser definido como "equilíbrio osmótico".

A osmose passa espontaneamente de uma solução diluída para uma solução concentrada; ou seja, a osmose não passa espontaneamente de uma solução para outra mais diluída. Atualmente tal fenômeno é explicado admitindo a existência de uma pressão, dirigida mais fortemente do solvente para a solução.

2. Trocas de Concentrações

Considere duas soluções (A) e (B) separadas por uma membrana semipermeável e que não trocam concentrações com o meio ambiente. Se a concentração da solução (A) for menor que a concentração da solução (B), ocorre uma transferência de concentração da primeira para a segunda, até que se estabeleça o equilíbrio osmótico. Como não há outras soluções trocando concentrações, se a solução (A) perder, por exemplo, 20 concentrações nesse intervalo de tempo, então a solução (B) terá recebido exatamente 20 concentrações. Pela convenção de sinais pode-se escrever que:

$$C_A = - C_B$$

Diante do exposto pode-se enunciar o princípio geral que rege a troca de concentrações do seguinte modo:

"Se duas ou mais soluções trocam concentrações entre si, a soma algébrica das quantidades de concentrações trocadas pelas soluções, até o estabelecimento do equilíbrio osmótico é nula".

3. Sentido Osmótico

Ficou estabelecido experimentalmente que a corrente osmótica se propaga de uma solução de menor pressão para a de maior pressão.

4. Fluxo Osmótico

Seja (**S**) uma membrana semipermeável separando duas soluções de concentrações diferentes, onde ocorre a passagem de solvente através de tal membrana. O fluxo osmótico (ϕ) através da membrana é igual à massa de solvente, inversa pelo intervalo de tempo.

Simbolicamente, o referido enunciado é expresso pela seguinte relação:

$$\phi = m/\Delta t$$

5. Lei da Condução Osmótica

Considere uma membrana semipermeável cujas faces, de área (**S**), estão sob as pressões (**p₁**) e (**p₂**); seja (**L**) a espessura da parede. Com sabe-se, a diferença de pressões osmóticas provoca a osmose. Se essa diferença de pressão for mantida constante, o regime de condução osmótica será estacionário. Caso ocorrer variação nas pressões, a condução osmótica será caracterizada por um regime variável.

Suponha, então, que a membrana seja atravessada por um fluxo osmótico em regime estacionário. Verifica-se que o fluxo depende da área (**S**) da membrana, da espessura (**L**), da diferença de pressão ($\Delta p = p_1 - p_2$) e da natureza do material que constitui a membrana.

Verifica-se que, para um dado material, o fluxo osmótico é tanto maior quanto maior for a área (**S**), a diferença de pressão (**p**) e quanto menor a espessura (**L**).

Logo, posso estabelecer o seguinte princípio:

"Em regime estacionário, o fluxo osmótico conduzido num material homogêneo é diretamente proporcional à área da secção transversal atravessada e à diferença de pressão entre os extremos e inversamente proporcional à espessura (L) da camada considerada".

Designei esta lei como "Lei de Condução Osmótica", que simbolicamente é representada pela seguinte igualdade:

$$\phi = \alpha \cdot S \cdot \Delta p/L$$

A constante de proporcionalidade (α) depende da natureza do material que constitui a membrana semipermeável, e a designo por "coeficiente de condutibilidade osmótica".

11. Poluimetria

O ar atmosférico contém sempre certa quantidade de partículas de substâncias que originam a poluição atmosférica.

A poluição contida no ar atmosférico apresenta uma pressão a cada temperatura; a tal pressão denomino por "Pressão de Poluição" à temperatura considerada. Digo que o ar está saturado de poluição quando esta existe em quantidade tal que esteja exercendo uma pressão máxima de poluição.

2. Estado Poluimétrico

Defino estado poluimétrico do ar pela seguinte relação:

$$H = e/E$$

Onde:
a) A letra (**e**) representa a pressão parcial da poluição contida no ar.
b) A letra (**E**) representa a pressão máxima da poluição, quando o ar encontra-se saturado pela mesma.

3. Grau Poluimétrico

O grau poluimétrico é, por definição, o estado poluimétrico expresso em termos de porcentagem; assim simbolicamente, posso escrever que:

$$H = e/E \cdot 100\%$$

Se o meio ambiente estiver saturado de poluição ($e = E$), o grau poluimétrico é expresso por:

$$H = 1 \cdot (100\%)$$

4. Poluição Absoluta do Ar

A poluição absoluta do ar é definida como sendo igual ao quociente da massa de elementos que causam a poluição, inversa pelo volume que ocupa.

Simbolicamente, o referido enunciado é expresso por:

$$a = m/V$$

5. Poluição Relativa do Ar

A poluição relativa do ar é, por definição, o quociente entre a massa dos elementos que causam a poluição num certo volume de ar, inversa pela massa de poluição que existiria num volume igual de ar saturado à mesma temperatura.

O referido enunciado é expresso simbolicamente por:

$$r = m/m_0$$

Como: ($m = a \cdot V$), posso escrever que:

$$r = a \cdot V/m_0$$

Considerando a definição de poluição absoluta ao nível de saturação, posso escrever que:

$$m_0 = a_0 \cdot V_0$$

Substituindo convenientemente as duas últimas expressões, posso escrever que:

$$r = a \cdot V/a_0 \cdot V_0$$

Como a poluição relativa do ar exige que:

$$V = V_0$$

Posso escrever que:

$$r = a/a_0$$

Desse modo, posso afirmar que a poluição relativa do ar é igual ao quociente da poluição absoluta do ar, inversa pela poluição absoluta do ar saturado.

Misturas e Soluções
LEANDRO BERTOLDO

12. Mistura Normal

Defino a mistura normal como sendo igual ao limite da solução homogênea; ou seja, antes que ocorra a saturação. Logo, a mistura normal é aquela onde não existe soluto de mais e nem de menos.

2. Lei

Fixados a pressão e a temperatura, uma determinada mistura normal, é sempre formada pelas mesmas substâncias químicas, combinadas na mesma proporção em massa.

3. Números de Moles

O número de moles é definido como sendo igual ao quociente da massa de uma substância, inversa pela massa de um mol.

Simbolicamente, o referido enunciado é expresso pela seguinte relação:

$$n = m/M$$

4. Equação Estequiométrica

A equação estequiométrica de uma mistura é a representação simbólica e abreviada de uma mistura.

A equação estequiométrica é sempre caracterizada pelo solvente e pelo soluto em termos de mol.

Então, por exemplo, num água salgada (**A.S.**) têm-se a mistura de água (**H₂O**) e Cloreto de Sódio (**NaCl**). Logo, posso escrever simbolicamente que:

$$A.S. = (H_2O) + (NaCl)$$

Numa mistura normal, existe um determinado número de moles de solvente misturado com um determinado número de moles de soluto; de tal forma que a célula elementar da mistura é caracterizada por:

$$A.S. = n_A \cdot (H_2O) + n_S (NaCl)$$

Onde (**n**), representa o número de moles.

13. Soluções Iônicas em Água

O presente estudo tem por objetivo estabelecer alguns conceitos básicos que permitam caracterizar uma solução iônica.

Quando se dissolve em água qualquer sal, ácido ou base, tais substâncias se dissociam em íons. Por exemplo, a molécula de Cloreto de Sódio é formada pela união de um íon de Sódio com um íon de Cloro. Para formar a molécula os íons têm cargas elétricas de sinais opostos, razão pela qual eles se atraem e constituem a molécula.

O íon positivo é designado pelo nome de "cátion" e o íon negativo é chamado por "anion". Tais íons ficam separados na água, vagando ao acaso sem nenhuma direção definida.

2. Ionismo

Considere agora, o caso de mistura de anions e cátions em uma determinada massa de água.

Denomino por ionismo catiônico (c_1), como uma grandeza igual ao quociente do valor de quantidade de cargas elétricas dos cátions, inversa pela soma existente entre as quantidades de cargas elétricas dos cátions com as dos anions.

Simbolicamente, o referido enunciado é expresso pela seguinte relação matemática:

$$c_1 = Q_1/(Q_1 + Q_2)$$

Denomino por ionismo aniônico (c_2), como uma grandeza igual ao quociente do valor da quantidade de cargas elétricas dos anions, inversa pela soma existente entre as quantidades de cargas elétricas dos cátions com as dos anions. Simbolicamente, o referido enunciado é expresso pela seguinte relação matemática:

$$c_2 = Q_2/(Q_2 + Q_1)$$

Devo chamar a atenção do leitor para a seguinte convenção: os símbolos (quaisquer que sejam) acompanhados do índice um (**1**), referem-se ao cátion; os símbolos acompanhados do índice dois (**2**) referem-se ao anion; os símbolos sem índice referem-se à solução geral.

Somando as duas últimas grandezas, posso escrever que:

$$c_1 + c_2 = Q_1/(Q_1 + Q_2) + Q_2/(Q_2 + Q_1) = (Q_1 + Q_2)/(Q_1 + Q_2) = Q_T/Q_T$$

Pois

$$Q_T = Q_1 + Q_2$$

Portanto, posso escrever que:

$$c_1 + c_2 = 1$$

Assim, por exemplo, um ionismo catiônico ($c_1 = $ **0,8**) significa que 80% dos íons misturados na massa de água referem-se a cátions e os restantes 20% correspondem aos anions.

3. Iomassa

A iomassa (**i**) de uma solução é uma grandeza que defino como sendo igual ao quociente do ionismo (**c**), inversa pela massa (**m**) de água, onde os íons estão distribuídos. Simbolicamente, o referido enunciado é expresso pela seguinte relação matemática:

$$i = c/m$$

Que pode ser desmembrada em:

$$i_1 = c_1/m \qquad e \qquad i_2 = c_2/m$$

4. Ionismo Como Partículas

A valência de um cátion é o número de elétrons que faltam para que ele se torne um átomo (neutro). A valência de um anion é o número de elétrons que ele possui em excesso sobre o átomo (neutro). Assim, a carga elétrica (**q**) de um íon é igual ao produto existente entre a valência de um íon (**z**) pelo valor da carga elementar do elétron (**e**). Simbolicamente, escreve-se que:

$$q = z \cdot e$$

Logo, a quantidade de cargas de íons é igual ao produto existente entre o número (**n**) de cargas elétricas (**q**) dos íons.

Simbolicamente, pode-se escrever que:

$$Q = n \cdot z \cdot e$$

Logo, posso escrever que:

a) $Q_1 = n_1 \cdot z_1 \cdot e$
b) $Q_2 = n_2 \cdot z_2 \cdot e$

Portanto, posso concluir as seguintes verdades:

$$c_1 = n_1 \cdot z_1 \cdot e/(n_1 \cdot z_1 \cdot e + n_2 \cdot z_2 \cdot e) =$$

$$= n_1 \cdot z_1 \cdot e/(n_1 \cdot z_1 + n_2 \cdot z_2) \cdot e$$

Ao eliminar os termos em evidência, resulta que:

$$c_1 = n_1 \cdot z_1/(n_1 \cdot z_1 + n_2 \cdot z_2)$$

Assim, vem que:

$$1/c_1 = (n_1 \cdot z_1 + n_2 \cdot z_2)/n_1 \cdot z_1$$

Portanto:

$$1/c_1 = 1 + (n_2 \cdot z_2/n_1 \cdot z_1)$$

É evidente, que com relação a (**c₂**), posso escrever que:

$$1/c_2 = 1 + (n_1 \cdot z_1/n_2 \cdot z_2)$$

5. Relação de Ionismo

Demonstrei que:

a) $c_1 = Q_1/(Q_1 + Q_2)$
b) $c_2 = Q_2/(Q_2 + Q_1)$

Então, a relação entre c_1/c_2, resulta que:

$$c_1/c_2 = [Q_1/(Q_1 + Q_2)]/[Q_2/(Q_2 + Q_1)]$$

Assim, vem que:

$$c_1/c_2 = Q_1 \cdot (Q_2 + Q_1)/Q_2 \cdot (Q_1 + Q_2)$$

Ao eliminar os termos em evidência, resulta que:

$$c_1/c_2 = Q_1/Q_2$$

Ou seja, a relação existente entre o ionismo catiônico pelo ionismo aniônico é igual à relação entre a quantidade de cargas elétricas dos cátions pela quantidade de cargas elétricas dos anions.

6. Quantimassa

Defino a quantimassa (**T**), como sendo uma grandeza igual ao quociente da quantidade de cargas elétricas de íons (**Q**), inversas pela massa de água.

Simbolicamente, o referido enunciado é expresso por:

$$T = Q/m$$

Sendo que tal expressão pode ser desmembrada de acordo com as seguintes definições:

a) $T_1 = Q_1/m$
b) $T_2 = Q_2/m$

7. Quantilidade Total

Defino a grandeza que denominei por quantilidade como sendo igual ao quociente da quantidade de cargas elétricas de íons, inversa pela massa total da solução.
Simbolicamente, o referido enunciado é expresso pela seguinte relação:

$$x = Q/m_T$$

Onde a massa total é a soma entre as massas dos átomos que constituem os anions, dos átomos que constituem os cátions e moléculas que constituem a massa de água.
Simbolicamente, posso escrever que:

$$m_T = m + m_2 + m$$

Substituindo convenientemente as duas últimas expressões, vem que:

$$x = Q/(m_1 + m_2 + m)$$

Sendo que tal expressão pode especificar as seguintes grandezas:

a) $x_1 = Q_1/(m_1 + m_2 + m)$
b) $x_2 = Q_2/(m_1 + m_2 + m)$

8. Quantilidade Reduzida

Defino a grandeza denominada por quantilidade reduzida como sendo igual ao quociente da quantidade de cargas elétricas de íons, inversa pela soma das massas que constituem as quantidades de anions e cátions.

por: Simbolicamente, o referido enunciado é expresso

$$X = Q/(m_1 + m_2)$$

Sendo que a referida expressão, pode especificar as seguintes grandezas:

a) $X_1 = Q_1/(m_1 + m_2)$
b) $X_2 = Q_2/(m_1 + m_2)$

9. Quanticórica

Considere uma amostra de cátions e anions misturados em um determinado volume de água.

Denomino por quanticórica, o quociente da quantidade de cargas iônicas, inversa pelo volume de água, onde se encontram misturados os íons.

por: Simbolicamente, o referido enunciado é expresso

$$R = Q/V$$

Sendo que tal expressão pode ser especificada nas seguintes:

a) $\quad R_1 = Q_1/V$
b) $\quad R_2 = Q_2/V$

10. Corismo

Defino a grandeza denominada por corismo como sendo igual ao quociente da quantidade de cargas iônicas, inversa pela soma dos volumes aniônicos e catiônicos. Simbolicamente, o referido enunciado é expresso por:

$$r = Q/(V_1 + V_2)$$

Sendo que tal expressão pode ser especificada nas seguintes:

a) $\quad r_1 = Q_1/(V_1 + V_2)$
b) $\quad r_2 = Q_2/(V_1 + V_2)$

Embora não conste na expressão, os íons estão imersos em água.

11. Solcórica Aniônica e Catiônica

Defino a grandeza que denominei pior solcórica aniônica, como sendo igual ao quociente da quantidade de cargas aniônicas, inversa pela soma dos volumes que constituem os cátions com o de água.

Simbolicamente, o referido enunciado é expresso por:

$$S_1 = Q_2/(V_1 + V)$$

Defino a grandeza que denominei por solcórica catiônica, como sendo igual ao quociente da quantidade de cargas elétricas catiônicas, inversa pela soma entre os volumes que constituem os anions com o de água.

Simbolicamente, o referido enunciado é expresso pela seguinte relação:

$$S_2 = Q_1/(V_2 + V)$$

12. Fluxo Eletrolítico

A condução de eletricidade nos eletrólitos é constituída pelo movimento de íons. Quando se dissolve um ácido ou base ou um sal em água, ocorre a dissociação de moléculas da substância dissolvida e os íons resultantes ficam vagando aleatoriamente pela solução.

Porém, quando se introduz na solução eletrodos ligados aos polos de um gerador, como existe uma diferença de potencial entre eles, forma-se um campo elétrico entre tais eletrodos, dirigido do anodo para o catodo. Devido ao referido campo elétrico, os íons ficam sujeitos a forças elétricas fazendo com que deixem de vagar aleatoriamente pela solução.

Destarte, os cátions são dirigidos para o catodo e os anions, para o anodo; formando a corrente elétrica.

Agora considere uma superfície plana de área (**A**), localizada entre o anodo e o catodo. Considere, também, que os íons atravessam tal superfície.

Defino o fluxo eletrolítico (ϕ) como sendo igual à quantidade de cargas iônicas (**Q**) que atravessam a superfície de área (**A**), ambas multiplicadas pelo coseno do ângulo (θ) formado entre o vetor deslocamento e a normal à área.

Tal enunciado pode ser expresso simbolicamente pela seguinte equação:

$$\phi = Q . A . \cos\theta$$

Sabe-se que:

$$Q = n . z . e$$

Logo, posso escrever que:

$$\phi = n . z . e . A . \cos\theta$$

A eletrodinâmica demonstra que a intensidade de corrente elétrica (**i**) é expressa pela relação entre as quantidades de cargas iônicas (**Q**) pela variação de tempo (Δt).

Simbolicamente, o referido enunciado é expresso por:

$$i = Q/\Delta t$$

Logo posso escrever que:

$$\phi = i . \Delta t . A . \cos\theta$$

13. Vazão Iônica

Defino a vazão iônica como sendo igual ao quociente da variação do fluxo eletrolítico, inverso pela variação de tempo.

Simbolicamente, o referido enunciado é expresso pela seguinte relação:

$$\Psi = \Delta\phi/\Delta t$$

Demonstrei que:

$$\phi = i \cdot \Delta t \cdot A \cdot \cos\theta$$

Substituindo convenientemente as duas últimas expressões, vem que:

$$\Delta\phi/\Delta t = i \cdot A \cdot \cos\theta$$

Ou melhor:

$$\Psi = i \cdot A \cdot \cos\theta$$

Então, torna-se evidente que toda vez que (**i**), (**A**) e (**cosθ**) permanecerem invariáveis; ou seja, permanecerem constantes, a vazão iônica permanecerá constante.

14. Concentração e Dispersão

Uma gota de tinta colocada num líquido, como por exemplo, na água, se espalha uniformemente através da mesma de forma espontânea. Essa gota se dispersa pelo líquido, tingindo-o uniformemente. A dispersão da gota de tinta no fluido é o resultado da agitação térmica molecular.

2. Equilíbrio de Concentração

Considere dois líquidos (**A**) e (**B**) de diferentes concentrações (C_a) e (C_b), tais que ($C_a > C_b$). Misturando os dois líquidos, verifica-se que a concentração é transferida de (**A**) para (**B**). Essa concentração que se difunde é denominada por dispersão. A passagem da dispersão cessa ao alcançar o "equilíbrio de concentração"; ou seja, quando as concentrações se igualam.

3. Transferência de Concentração

Considere dois líquidos (**A**) e (**B**), que são misturados. Seja a concentração do líquido (**A**) maior que a do líquido (**B**), então ocorre uma dispersão de concentração do primeiro para o segundo líquido, até que se estabeleça o equilíbrio de concentração. Se (**A**) perder, por exemplo, 50% de sua concentração, nesse intervalo de tempo, (**B**) receberá exatamente 50% de concentração. Então pode-se escrever a seguinte conclusão:

$$C_a = - C_b,$$

Portanto,

$$C_a + C_b = 0$$

Pode-se então enunciar o seguinte princípio geral que rege as transferências de concentração: *Se dois ou mais líquidos transferem concentração entre si, a soma algébrica das quantidades de concentrações trocadas pelos líquidos, até o estabelecimento do equilíbrio de concentração é nula.*

15. Inflamabilidade

Mantendo-se constante e fixada a pressão, a temperatura, o movimento do ar e a umidade do mesmo, então torna-se possível estabelecer um método que permita medir a inflamabilidade da matéria líquida.

2. Ensaio de Leandro

O ensaio de Leandro consiste em determinar quantitativamente o quanto uma substância é inflamável. Para tanto é necessário fixar os seguintes fatores:

a) A forma geométrica do recipiente que conterá o líquido inflamável deverá ser fixada. Para um conceito inicial, fixarei um cilindro de vidro térmico.

b) A massa do líquido inflamável deverá ser fixada. Portanto, defino como 1 Kg.

c) Quanto à umidade do ar fixarei um grau seco.

d) No que se refere ao movimento do ar, fixarei no estado de repouso.

e) Quanto a pressão e temperatura do meio ambiente, fixarei as condições normais de pressão e temperatura (CNPT) que corresponde a uma pressão de 1 atm e a uma temperatura de 0° C (273K).

Após estabelecer rigorosamente as referidas especificações deve-se queimar o líquido inflamável e medir o tempo que o mesmo leva para ficar totalmente queimado.

Então, defino o fenômeno de inflamabilidade como sendo igual ao quociente da massa queimada, inversa pela variação de tempo que leva par queimar. Simbolicamente, o referido enunciado é expresso pela seguinte relação:

$$I = m/\Delta t$$

Outro modo bem prático de definir a inflamabilidade consiste no seguinte enunciado: A inflamabilidade de uma substância líquida mede numericamente a quantidade queimada dessa substância num intervalo de tempo de um minuto.

3. Lei Incompleta de Leandro

Mantendo-se constante os fatores os termos que envolvem o meio ambiente, a velocidade inflamação (**V**) de um líquido é proporcional (**k**) à área da superfície livre (**A**), inversa pela altura (**e**) da coluna do líquido no recipiente.

Simbolicamente o referido enunciado é expresso por:

$$V = k \, A/e$$

16. Novos Conceitos

Considere um determinado corpo de uma substância qualquer. Defino densidade molar (**d**) como sendo igual ao quociente do número de moles (**n**) da referida substância, inversa pelo volume (**V**) que ocupa. Simbolicamente, posso escrever que:

$$d = n/V$$

Sabe-se que o número de moles (**n**) de uma substância é igual à relação entre a massa (**m**) pelo mol (**M**) da mesma. O referido enunciado é expresso por:

$$n = m/M$$

Substituindo as duas últimas expressões, vem que:

$$d = m/M \cdot V$$

Sabe-se que a massa específica (**μ**) é definida por:

$$d = \mu/M$$

Nas condições normais de pressão e temperatura, o volume (**V$_0$**) é igual ao número de moles (**n**) em produto com o volume molar (**v**).
Simbolicamente, posso escrever que:

$$V_0 = n \cdot v$$

Desse modo, posso escrever que:

$$d = n/n \cdot v$$

Eliminando os termos em evidência, resulta que:

$$d \cdot v = 1$$

Onde: $v = 22,414$ litros.

2. Peso Molar

Por analogia como o conceito newtoniano de peso, que é definido como sendo igual ao produto entre a massa de um corpo pela aceleração gravitacional; defino o conceito de peso molar, que representarei pela letra (ϑ), como sendo igual ao produto existente entre o número de moles (**n**) da substância pela aceleração gravitacional (α).

$$\vartheta = n \cdot \alpha$$

De acordo com Newton o peso (**P**) de um corpo é expresso por:

$$P = m \cdot \alpha$$

Sabe-se que:

$$n = m/M$$

Logo, posso escrever que:

$$\vartheta = m \cdot \alpha/M$$

Desse modo, por Newton, posso escrever que:

$$\vartheta = P/M$$

3. Peso Molar Específico

Considere uma substância num determinado ponto do campo gravitacional terrestre. Então, defino o peso molar específico da substância pela seguinte relação:

$$r = \vartheta/V$$

Como: $(\vartheta = n \cdot \alpha)$, posso escrever que:

$$r = n \cdot \alpha/V$$

Porém: $(d = m/V)$, logo posso escrever que:

$$r = d \cdot \alpha$$

Demonstrei que:

$$d = \mu/M$$

Substituindo convenientemente as duas últimas expressões, posso escrever que:

$$r = \mu \cdot \alpha/M$$

Porém, sabe-se que o peso específico de um corpo é igual ao produto entre a densidade específica pela aceleração gravitacional.

Simbolicamente, o referido enunciado é expresso por:

$$s = \mu \cdot \alpha$$

Substituindo convenientemente as duas últimas expressões, vem que:

$$r = s/M$$

17. Lei das Misturas Gasosas

A lei das misturas gasosas procura estabelecer a medida de densidades de uma mistura gasosa.

2. Lei

A lei em questão pode ser enunciada nos seguintes termos:

A densidade característica de uma mistura de gases, que não reajam entre si, é igual à soma de suas densidades individuais.

Simbolicamente, o referido enunciado é expresso por:

$$\mu_t = \Sigma\mu_i$$

Onde (μ_t) representa a densidade total da mistura e (μ_i) representa a densidade individual do gás (**i**) numa mistura gasosa.

Entendo por densidade individual de um gás numa dada mistura gasosa, à densidade que este gás apresentaria se ocupasse sozinho todo o volume da mistura.

3. Demonstração Matemática

A densidade de um gás é expressa pela relação matemática existente entre a massa e o volume que o mesmo ocupa.

Simbolicamente, pode-se escrever que:

$$\mu = m_i/V$$

Sendo que, numa mistura gasosa, a massa de todos os gases é igual à soma individual de cada massa, então posso escrever que:

$$m = m_1 + m_2 + m_3 + ... + m_n$$

Como:

$$m_i = \mu . V$$

Então, pode-se escrever que:

$$m = \mu_1 . V + \mu_2 . V + \mu_3 . V + ... + \mu_n . V$$

Porém, como o volume é igual em cada caso, posso escrever que:

$$m = V . (\mu_1 + \mu_2 + \mu_3 + ... + \mu_n)$$

Logicamente, resulta que:

$$m/V = \mu_1 + \mu_2 + \mu_3 + ... + \mu_n$$

Porém, como a relação (**m/V**), representa a densidade da mistura (μ_T), pode-se concluir que:

$$\mu_T = \mu_1 + \mu_2 + \mu_3 + ... + \mu_n$$

Generalizando a referida expressão, obtém-se que:

$$\mu_T = \sum \mu_i$$

Que nestas circunstâncias, a referida equação representa a nova Lei das Misturas Gasosas defendida neste singelo trabalho.

18. Cromática

A "Cromática" é a ciência que tem por objetivo estudar as relações existentes nas misturas de tintas entre si. E entre outros assuntos procura estabelecer um método para avaliação de tonalidades, bem como uma escala.

2. Divisão da Cromática

Para efeitos didáticos e estudos, a cromática pode ser dividida em três partes gerais, a saber:

1ª. *Monocromática*: Estuda as cores das tintas sem serem misturadas.
2ª. *Duplacromática*: Estuda a mistura de duas tintas de cores distintas.
3ª. *Policromática*: Estuda a mistura de três ou mais tintas de cores distintas.

3. Definições

1º. *Cor de Referência*: Numa mistura de duas cores, a tonalidade da cor pode ser avaliada em relação a uma cor de referência. Portanto, a cor em relação à qual se considera a tonalidade é chamada cor de referência.
2º. *Cor Referida*: Numa mistura de duas cores, a cor referida é aquela que se deseja ver modificado a sua

tonalidade em relação a uma cor de referencia. Portanto, uma cor sofre o processo de tonalidade em relação a uma cor de referência, quando a cor referida ao ser misturada, sobre uma modificação em sua cor original.

3°. *Tonalidade*: É a gradação da cor referida em relação a uma cor de referência.

4. Tonalidade Relativa

A tonalidade relativa de uma cor é igual à relação matemática entre a quantidade de uma tinta referida de qualquer cor, pela quantidade de uma tinta de referência.

Simbolicamente o referido enunciado é expresso pela seguinte razão:

$$T = Q/Q_0$$

Por ser a razão entre dois valores de mesma grandeza a tonalidade relativa não tem unidade. É expressa por um número puro.

A última expressão indica que numa mistura de duas tintas, a tonalidade será tanto mais intensa quanto maior for a quantidade de tinta referida (Q) e será tanto menos intensa quanto maior for a quantidade de tinta de referência (Q_0).

5. Tonalidade Relativa em Volume

A tonalidade relativa volumétrica de uma cor é igual ao volume de tinta referida, inversa pelo volume de tinta de referência.

Simbolicamente o referido enunciado é expresso pela seguinte relação:

$$T_v = V/V_0$$

A referida expressão mostra que numa mistura de duas tintas, a tonalidade relativa volumétrica será tanto mais intensa quanto maior for o volume da tinta referida (**V**) e será tanto menos intensa quanto maior for o volume da tinta de referência (**V₀**).

6. Tonalidade Relativa em Massa

A tonalidade relativa em massa de uma cor qualquer é igual à relação matemática existente entre a massa de tinta referida pela massa de tinta de referencia. O referido enunciado é expresso simbolicamente pela seguinte equação:

$$T_m = m/m_0$$

Essa expressão demonstra que numa mistura de duas tintas, a tonalidade relativa em massa será tanto mais intensa quanto maior for a massa da tinta referida (**m**) e será tanto menos intensa quanto maior for a massa da tinta de referência (**m₀**).

7. Relação entre Tonalidades

A relação matemática entre a tonalidade relativa em volume pela tonalidade relativa em massa é expressa pela seguinte equação:

$$T_v/T_m = (V/V_0)/(m/m_0)$$

Portanto vem que:

$$T_v/T_m = (V \cdot m_0)/(m \cdot V_0)$$

Entretanto, sabe-se que a densidade de uma substância é igual ao quociente de sua massa inversa pelo volume de seu corpo. Simbolicamente o referido enunciado é expresso pela seguinte relação:

$$\mu = m/V$$

Portanto, substituindo convenientemente as duas últimas expressões, resulta que:

$$T_v/T_m = \mu_0/\mu$$

Logo se pode afirmar que a relação entre tonalidades relativas volumétricas e em massa é igual ao quociente da densidade da tinta de referencia, inversa pela densidade da tinta referida.

8. Quantidade Total

Quando a cor de uma tinta referida é misturada com a cor de uma tinta de referência, sabe-se que cada uma delas perde sua cor original para assumir a tonalidade de uma única fase.

Sendo (Q_T) a quantidade de tinta formada pela mistura, (Q) a quantidade de tinta referida e (Q_0) a quantidade de tinta de referencia, pode-se afirmar que:

$$Q_T = Q + Q_0$$

Torna-se claro que a tonalidade de uma cor é avaliada pela quantidade de tintas que participam de uma mistura. Para avaliar que proporção da mistura de cores sofre os fenômenos de concentração de cor ou dispersão de cor, passo a definir algumas grandezas adimensionais fundamentais.

9. Concentração de Cor

A concentração de cor é definida como sendo igual ao quociente da quantidade da cor da tinta referida, inversa pela quantidade de tinta resultante da mistura. Simbolicamente o referido enunciado é expresso pela seguinte razão:

$$C = Q/Q_T$$

10. Dispersão de Cor

A dispersão de cor é definida como sendo igual à razão matemática existente entre a quantidade de cor da tinta de referência pela quantidade de tinta resultante da mistura.
O referido enunciado é expresso simbolicamente pela seguinte relação:

$$D = Q_0/Q_T$$

11. Equação Adimensional

Somando-se as grandezas concentração e dispersão de cor, obtêm-se o seguinte resultado:

$$C + D = (Q/Q_T) + (Q_0/Q_T) = (Q + Q_0)/Q_T = Q_T/Q_T$$

Portanto concluí-se que:

$$C + D = 1$$

Desse modo, por exemplo, uma tonalidade ao apresentar uma concentração ($c = 0,2$) indica que (**20%**) da mistura corresponde à cor referida. Os restantes (**80%**) referem-se à dispersão da cor de referencia.

12. Classificação Cromática

Numa mistura de duas cores pode ocorrer que a quantidade de umas das tintas seja maior, menor ou igual à que lhe é misturada.
Nestas condições a mistura pode ser classificada da seguinte forma:

1º. $Q_1 > Q_2$, nesta situação a quantidade de tinta (Q_1) é "dominante" e (Q_2) é "recessiva".

2º. $Q_1 < Q_2$, nesta situação, agora é a quantidade de tinta (Q_1) que é "recessiva" e (Q_2) é "dominante".

3º. $Q_1 = Q_2$, nesta situação a quantidade de tinta (Q_1) é igual à quantidade de tinta (Q_2), portanto tem-se o que pode ser chamado de "equilíbrio cromático".

Destarte, posso enunciar o seguinte princípio: *No equilíbrio cromático, se duas ou mais tintas trocam cores entre si, a soma algébrica das quantidades de cores trocadas pelas tintas em mistura é nula.*

13. Cromômetro

Para precisar a noção de tonalidade, pode-se recorrer às variações que a cor referida experimenta quando misturada com uma cor de referência. Por exemplo, considerando fixa a massa da cor de referencia, ao misturar a massa da cor referida, a massa total do sistema aumenta à medida que a massa da cor referida vai aumentando.

Dessa maneira, a massa ou mesmo o volume de tinta formada avalia, ainda que indiretamente, a tonalidade da cor.

Sendo a quantidade de mistura da cor referida com a cor de referência, sendo esta última com uma quantidade padronizada, é denominada por "grandeza cromométrica" (**x**).

Portanto a correspondência entre os valores da grandeza (**x**) e da tonalidade (**T**) constitui ao que se pode chamar "função cromométrica". Desse modo, pode-se escrever que:

$$T = f(x)$$

É claro que à mistura em análise pode-se dar o nome de "cromômetro".

14. Escala Cromométrica

A escala cromométrica é um conjunto de valores numéricos que pode assumir a tonalidade de uma cor em relação à cor de referência. Essa escala é determinada ao se proceder à graduação de um cromômetro.

Para a graduação de um cromômetro deve-se proceder da seguinte forma:

1º. Devem-se escolher duas cores (uma referida e uma de referência). Estas cores são denominadas de "cores fixas do cromômetro". Para isto procede-se da seguinte maneira:

A) Primeira cor fixa (cor de referência de quantidade padronizada).

B) Segunda cor fixa (cor referida que é misturada com a cor de referência padronizada).

2º. Na escala que apresenta, proponho a adoção dos valores zero (0) para o nível da cor de referência e cem (100) para a cor referida. Dessa maneira o intervalo entre estes dois pontos é dividido em cem partes iguais. Cada uma dessas cem partes é a unidade da escala, o "grau cromático", cujo símbolo pode ser expresso por (0G).

19. Tintologia

A Tintologia é uma nova ciência que tem por objetivo realizar as medidas das cores das tintas em suas misturas.

2. Convenções

No presente tratado, estou considerando o índice (1) ao referir ao *soluto* e o índice (2) para descrever o *solvente*.

3. Intensidade da Cor

A intensidade de uma cor numa tinta é tanto maior quanto maior for a concentração da mistura (soluto-solvente).

Portanto, defino a intensidade de uma cor para um dado solvente, como sendo igual ao quociente da massa do soluto corante, inversa pelo volume do solvente considerado.

O referido enunciado é expresso simbolicamente pela seguinte relação:

$$I = m_1/V_2$$

4. Nível Colorido

Defino o nível colorido como sendo uma grandeza igual ao quociente da massa do soluto corante, inversa pela massa do solvente.

Simbolicamente, o referido enunciado é expresso pela seguinte relação:

$$i = m_1/m_2$$

Em vez de indicar o nível colorido pela simples relação, costumo defender o seu uso pelo logaritmo vulgar dela.

Desse modo, posso escrever que:

$$\log i = \log m_1/m_2$$

Portanto, posso escrever que:

$$\log i = \log m_1 - \log m_2$$

Ao considerar três massas de soluto corante, M_A, M_B e M_C, ordenados numa seqüência decrescente de suas massas, de modo que os níveis coloridos sucessivos entre elas sejam:

a) $i_A = M_A/M_B$

b) $i_B = M_B/M_C$

Denomino por somassa (**T**) desses níveis a seguinte relação:

$$T = M_A/M_C$$

Verifica-se a referida relação pela seguinte demonstração:

$$i_1 . i_2 = M_A/M_B . M_B/M_C = T$$

Assim, também posso escrever que:

$$T = i_A . i_B$$

Portanto, posso concluir que:

$$\log T = \log i_1 + \log i_2$$

5. Divergência de Nível

Quando o nível colorido é constituído por duas ou mais massas de soluto corante, numa massa de solvente, tem-se uma divergência de nível.
Sabe-se que o nível colorido é definido por:

$$i = m_1/m_2$$

Entretanto a solução é constituída por diferentes massas de soluto corante; por exemplo, m_{A1}, m_{B1} e m_{C1}, então posso afirmar que o nível colorido é expresso por:

$$i = (m_{A1} + m_{B1} + m_{C1})/m_2$$

Desse modo, estabeleço o conceito de divergência de nível colorido de um soluto corante por:

a) $\quad d_{A1} = m_{A1}/(m_2 + m_{B1} + m_{C1})$

b) $d_{B1} = m_{B1}/(m_2 + m_{A1} + m_{C1})$
c) $d_{c1} = m_{C1}/(m_2 + m_{A1} + m_{B1})$

6. Grau Visual

Considerando (i_0) menor nível de cor observável e (**i**) o nível de cor que se deseja medir, então defino grau visual (**g**) de uma cor o expoente a que se deve elevar o número dez (**10**) para obter a relação (i/i_0). Portanto, posso escrever que:

$$10^g = i/i_0$$

Como:

a) $i_0 = M_1/m_2$
b) $i = m_1/m_2$

Substituindo convenientemente as referidas expressões, vem que:

$$10^g = (M_1/m_2)/(m_1/m_2)$$

Portanto, resulta que:

$$10^g = M_1/m_1$$

Pela definição de logaritmo decimal, posso concluir que:

c) $g = \log i/i_0$
d) $g = \log M_1/m_1$

7. Partição de Níveis Coloridos

Considere dois solutos coloridos m_{A1} e m_{B1}. Sabe-se que o nível colorido de cada um dos solutos é expresso por:

a) $i_A = m_{A1}/m_{B2}$
b) $i_B = m_{B1}/m_{B2}$

Porém, na medida da partição de níveis coloridos é necessário considerar a massa do solvente m_{A2} igual à massa do solvente m_{B2}. Ou seja:

$$m_{A2} = m_{B2}$$

Logo, posso escrever que:

c) $i_A = m_{A1}/m_2$
d) $i_B = m_{B1}/m_2$

Somando tais grandezas, vem que:

$$i_A + i_B = m_{A1}/m_2 + m_{B1}/m_2 = (m_{A1} + m_{B1})/m_2 = i$$

Assim, vem que:

$$i = i_A + i_B$$

8. Estado de Coloração

Defino o estado de coloração (**e**) de uma cor como sendo igual à relação matemática existente entre a densidade de soluto colorido pela densidade do solvente.

Misturas e Soluções
LEANDRO BERTOLDO

Simbolicamente, posso escrever que:

$$e = \mu_1 + \mu_2$$

Porém, como a densidade é expressa pela relação entre a massa pelo volume, posso concluir que:

a) $\mu_1 = m_1/V_1$
b) $\mu_2 = m_2/V_2$

Substituindo convenientemente as três últimas expressões, vem que:

$$e = (m_1/V_1)/(m_2/V_2)$$

Logo, resulta que:

$$e = m_1 . V_2/m_2 . V_1$$

Porém, afirmei que:

$$i = m_1/m_2$$

Substituindo convenientemente as duas últimas expressões, vem que:

$$e = i . V_2/V_1$$

Entretanto, costumo afirmar que o degrau de uma cor é igual ao quociente do volume do soluto de coloração, inversa pelo volume do solvente.

Simbolicamente, o referido enunciado é expresso pela seguinte relação:

$$D = V_2/V_1$$

Assim, substituindo convenientemente as duas últimas expressões, vem que:

$$e = i/D$$

9. Dilatação no Estado de Coloração

Demonstrei que:

$$e = \mu_1/\mu_2$$

Entretanto, a dilatalogia mostra que a densidade de uma substância medida através de sua dilatação é expressa por:

$$\mu = \mu_0/[1 + \alpha . (T - T_0)]$$

Onde (μ) representa a densidade da substância (α) na temperatura (T) e (μ_0) representa a densidade inicial da referida substância na temperatura (T_0).

Assim, posso concluir as seguintes verdades:

a) $\mu_1 = \mu_{01}/[1 + \gamma . (T - T_0)]$
b) $\mu_2 = \mu_{02}/[1 + \beta . (T - T_0)]$

Logo, posso escrever que:

$$e = \{\mu_{01}/[1 + \gamma . (T - T_0)]\}/\{\mu_{02}/[1 + \beta . (T - T_0)]\}$$

Portanto, vem que:

$$e = \{\mu_{01} . [1 + \beta . (T - T_0)]\}/\{\mu_{02} . [1 + \gamma . (T - T_0)]\}$$

Assim, defino Estado de coloração inicial (e_0) a uma temperatura (T_0) pela seguinte relação:

$$e_0 = \mu_{01}/\mu_{02}$$

Substituindo convenientemente as duas últimas expressões, vem que:

$$e = e_0 . [(1 + \beta . (T - T_0)]/[1 + \gamma . (T - T_0)]$$

Tal equação permite escrever que:

$$e + e . \gamma . \Delta T = e_0 + e_0 . \beta . \Delta T$$

Naturalmente, posso estabelecer que:

$$e - e_0 = e_0 . \beta . \Delta T - e . \gamma . \Delta T$$

Assim, vem que a variação do estado de coloração, é expressa por:

$$\Delta e = e - e_0$$

O que permite escrever:

$$\Delta e = \Delta T . (e_0 . \beta - e . \gamma)$$

Porém, defino uma grandeza física denominada vazão de cor pela relação existente entre a variação do estado de coloração, inversa pela variação de temperatura.

Simbolicamente, costumo representar tal grandeza pela seguinte relação:

$$\phi = \Delta e / \Delta T$$

Portanto, substituindo convenientemente as duas últimas expressões, vem que:

$$\phi = e_0 . \beta - e . \gamma$$

Também, demonstrei a seguinte verdade:

$$e = i . (V_2/V_1)$$

O volume numa dilatação é expresso por:

$$V = V_0 . (1 + \alpha . \Delta T)$$

Logo, posso concluir que:

$$e = i . [V_{02} . (1 + \beta . \Delta T)]/[V_{01} . (1 + \gamma . \Delta T)]$$

Naturalmente, do mesmo modo que apresentei a definição de degrau de uma cor, também apresento o conceito de degrau inicial de uma cor numa dada temperatura.

Simbolicamente, o referido enunciado é expresso por:

$$D_0 = V_{01}/V_{02}$$

Substituindo as duas últimas expressões, vem que:

$$e = (i/D_0) . (1 + \beta . \Delta T)/(1 + \gamma . \Delta T)$$

Evidentemente posso escrever que:

$$i + (i \cdot \beta \cdot \Delta T) = (e \cdot D_0) + (e \cdot D_0 \cdot \gamma \cdot \Delta T)$$

Assim, posso estabelecer que:

$$i - (e \cdot D_0) = (e \cdot D_0 \cdot \gamma \cdot \Delta T) - (i \cdot \beta \cdot \Delta T)$$

Logo, resulta que:

$$i - (e \cdot D_0) = \Delta T \cdot [(e \cdot D_0 \cdot \gamma) - (i \cdot \beta)]$$